U0195379

TAN/TAN FUHE CAILIAO
YINGYONG LINGYU ZHIBEI GONGYI HE FAZHAN QIANJING

碳/碳复合材料
应用领域、制备工艺和发展前景

布里亚 А. И. 拜古舍夫 В. В. 冯向明 编著

西北工业大学出版社

【内容简介】 现代材料学有前景的方向之一就是研制密度低的耐热和热强复合材料。40 多年来,在这个领域中占据领先地位的是碳/碳体系复合材料和在此领域中所发展的碳/碳-碳化硅新型复合材料。这种新型复合材料(碳/碳-碳化硅复合材料)在一系列指标上都超过了碳/碳复合材料。本书论述的是这些复合材料学领域的研究成果。

本书供在碳基复合材料领域工作的专家、设计和科学研究院所的工程技术工作人员、高等院校相关专业的研究生和大学生使用。

图书在版编目 (CIP) 数据

碳/碳复合材料应用领域、制备工艺和发展前景/(乌克兰)布里亚,(乌克兰)拜古舍夫,冯向明编著. —西安:西北工业大学出版社,2017.5
ISBN 978 - 7 - 5612 - 5331 - 1

Ⅰ.①碳…　Ⅱ.①布…　②拜…　③冯…　Ⅲ.①碳/碳复合材料—研究　Ⅳ.①TB333.2

中国版本图书馆 CIP 数据核字(2017)第 118151 号

策划编辑:杨　军
责任编辑:胡莉巾

出版发行:西北工业大学出版社
通信地址:西安市友谊西路 127 号　　邮编:710072
电　　话:(029)88493844　88491757
网　　址:www.nwpup.com
印　刷　者:陕西金德佳印务有限公司
开　　本:787 mm×960 mm　1/16
印　　张:10.25
字　　数:215 千字
版　　次:2017 年 5 月第 1 版　　2017 年 5 月第 1 次印刷
定　　价:88 元(精装)

前　　言

碳纤维增强碳基体复合材料(碳/碳复合材料)，是一种具有性能可设计性和抗热震性的先进复合材料，它以优异的抗烧蚀性能、高比强度、高比模量、高温下极好的力学性能和尺寸稳定性等一系列突出的特点，适合于高温下需要材料具有较高物理性能和化学稳定性的环境使用。碳/碳复合材料属于高性能高温复合材料家族，由碳纤维预制增强体和碳质或石墨质基体组成，有时为特定的性能需要添加某些特殊的涂层或填料。它结合了复合材料良好的力学性能及可设计性和碳质材料优异的高温性能，兼有结构材料与功能材料的特性，在摩擦材料、原子能、冶金等许多领域得到了广泛的应用，是应航空航天领域的需要而开发得最成功的材料之一。碳/碳复合材料诞生至今，不但材料本身从原材料制造、工艺技术及制品性能得到了长足的进步，已形成了一定的生产规模，而且它极大地促进了所应用领域由于材料革新而带来的技术飞跃。目前，伴随着材料低成本化、多功能化和精细化的发展，碳/碳复合材料可望在更广阔的领域得到应用。碳/碳复合材料的优良特性主要有稳定的摩擦因数、高温下的高强度及高模量、抗烧蚀、抗腐蚀、高导热系数、高尺寸稳定性、化学惰性(还原—中性介质)、热稳定性、抗核辐射、抗疲劳和高导电性等。基体改性中采用碳化硅的复合材料抗氧化性能会大幅度提高，在高温热结构方面得到了广泛应用，因此碳/碳-碳化硅被认为是继碳/碳复合材料之后发展的又一新型材料。

碳/碳复合材料作为一种高新材料，随着应用领域的扩展和应用条件的提高，需要向高性能、低成本、多功能方面发展。冗长复杂的复合致密工艺是导致碳/碳复合材料成本高的主要原因，造价昂贵严重阻碍碳/碳复合材料的应用和发展，因此，在保证材料性能前提下的短周期、低成本复合工艺是实现碳/碳复合材料低成本化的一条有效途径。本书论述了笔者在轻质高强耐热领域碳/碳复合材料及在此基础上发展的碳/碳-碳化硅复合材料的研究成果，包括碳/碳复合材料在机械制造业和电热技术中的应用、碳纤维增强材料的制备方法及其对性能的影响、不同碳布增强材料和不同分散材料对混杂改性碳/碳材料综合性能影响、高温处理对不同形状构件影响等具有显著工程价值的研究成果，同时，本书也就材料的实际应用进行了深入的理论分析，集中了笔者长期的研究成果，对致力于拓展碳/碳复合材料应用领域研究的相关人员具有重要参考价值。

本书第一作者布里亚·亚历山大·伊万诺维奇(布里亚 А. И.)1975 年毕业于乌克兰德聂伯彼特罗夫斯克化工学院，获硕士学位，1993 年获捷尔诺波尔仪器制造学院技术科学专业副博士学位,2001 年当选为乌克兰工艺科学院院士,现任乌克兰第聂伯捷尔任斯基国立技术大学复合材料实验室主任。布里亚院士及其团队在碳/碳复合材料低成本制造及碳化硅改性方面做了长期的系列研究,充分利用碳纤维增强树脂基材料的研究基础和方法,进一步提出了相应的碳化、高温处理和掺杂改性等工艺设计和制备技术,获得了冶金、核工业等新领域具有较强综合优势的碳/碳复合材料研究成果。书中提到的国内指第一作者所在的乌克兰。

本书作为航天动力技术研究院研究生教材之一,可供碳基、陶瓷基高温复合材料专业研究生进行专业基础课学习,也可供在该领域工作的工程师、设计师以及相应高等院校研究生使用。

由于学识有限,书中难免有疏漏及不妥之处,恳请专家、读者提出宝贵意见。

编著者

2017 年 1 月　于西安

目　录

第0章 绪 论

由于在新材料研制方面所取得的成就,许多技术领域中的技术进步有了相当大的成果。在基础关键工艺和高科技工艺方面,先进工业发达国家的科技发展战略在很大程度上是根据对新材料领域中成就水平的预测而建立的。依我们之见,最近十年,在主要工业生产领域中,70%~80%的采用高科技工艺优先研制新技术装备项目将取决于新材料的研制。世界许多国家的国防工业,其中包括航天火箭和航空领域,一直都特别关注着材料学的发展、关注着对各种不同零件和部件研制人员和生产者的新材料保障。新材料在航天火箭和航空领域产品中的推广过程同时伴随着其在国民经济各种不同领域中的推广。现代材料学领域的研究方向应包括很广且同时是最佳的材料范围,该范围应包含指标有很大提高的传统结构复合材料,以及性能全新的最新材料。这种方法有可能平衡多因素的材料学科学技术问题,这些问题包括:①利用已知的基础工艺来研制防护涂层、胶、薄膜和用其制作的新一代其他产品所用的新型复合材料;②通过研制全新的材料、设计新材料制备和再处理新基础工艺,从质量上提高基础结构和制品的参数。

虽然在研制新材料方面现有的规划是极其多样的,但与高科技工艺相关的材料领域的研究课题在世界科学研究范围内具有特别的意义。这类课题包括以下方面:

(1)专用材料(复合材料、结构陶瓷、超高频陶瓷、多功能聚合物、防护材料、密封材料、结构和仪器用胶)的研制和完善;

(2)高科技功能材料(超导体、硅晶体、无定形金属);

(3)光学和电子材料(透明单体和聚合物、单晶体、光学玻璃纤维和聚合物纤维)。

依我们之见,近年来,任何一个国家都保留着这类研究方法,同时在研制方面,每一个国家都赋予了解决保障材料生产用国产原料的问题、解决支付能力需求的具备问题、解决生产已研制产品的生产能力具备问题、解决适合出口和进口替代问题、解决得到别的拨款来源问题的优先资格。

研制新材料及其制备工艺是技术发展和社会发展的客观必要性。通常将新材料称为21世纪材料,没有新材料,任何一个科学和技术发展的重要方向都不会有重大成就。新材料的作用逐年增大,据美国专家估计,最近20年,90%的现代材料将被全新的材料所替代,这实际上将使所有的技术领域发生技术革命。

据已公布的资料,现今发展最快的科学领域是生物医学研究,其次是信息技术,第三是新材料。1998年,在美国仅这些研究的费用就大大超过了国防和航天研究的费用。

目前,俄罗斯从事材料学领域工作的有科学院系统的 41 个科学学派、高校和专业化研究所。

现今,如果没有碳纤维、石墨化纤维及其基布材料生产领域的新成就,那么就很难想象航天火箭和航空技术装备新材料的进一步发展。

之所以会这样,是因为这些材料固有的性能、技术进步固有的性质与新碳石墨材料——高温碳、高温石墨、玻璃碳、蛭石石墨、泡沫碳、泡沫石墨、碳硅微晶玻璃、核石墨、特纯石墨、碳纤维和碳布的生产方法结合得非常好。

在人类文明发展的现阶段,伴随核动力技术,航天技术,人体器官的移植技术,半导体硅化镓、锗化镓、砷化镓的生产,航空技术中不使用碳石墨材料是不可能实现的。这远未全部列举出碳石墨材料的使用方向说明,任何一个国家的科技潜力在一定程度上都取决于这些材料的生产发展水平。

碳石墨材料领域最重要的方向是碳/碳复合材料的研制。碳/碳复合材料是碳纤维增强的碳基材料体系。虽然碳纤维是碳/碳复合材料中的增强材料,但它可制作成任何纺织形状——丝、丝束、绳、各种编织布、毡、垫、三维和多维编织预制体。目前得到最普及应用的碳/碳复合材料基体是有机聚合物黏合剂焦炭和热解碳,使用相当广泛的是由热解碳构成的基体。目前,广泛使用的是能保障高抗氧化性的各种碳/碳复合材料涂层。

碳/碳复合材料的出现主要与两个问题相关:第一个问题是必须使基体的耐热性和强度接近碳纤维的耐热性和强度;第二个问题是在达 3 273K(短时达 3 873K)温度条件下具有抗化学侵蚀性的同时必须吸收大量热能。

在美国,制作多次使用的宇宙飞船的计划工作成为了大力使用碳/碳复合材料的推动力。

碳/碳复合材料在火箭技术装备和航空技术装备上的最初工业试验不仅顺利解决了这两个问题,而且表明了实际上除了碳/碳复合材料之外,别无其他选择。比如,在碳/碳复合材料中碳纤维强度实现可达到 80%～90%,而在高于 1 473K 的温度条件下,其抗拉(弯曲)比强度都超过所有已知的难熔抗蚀材料(碳化物、氮化物、氧化物)。在高于 2 473K 的温度条件下,这个优势会达到 15～20 倍(见图 0.1 和表 0.1)。

碳/碳复合材料冲击韧性比已知的结构石墨高一个等级,抗放射性辐射。在用 H^+ 离子轰击时的化学耐蚀性方面,碳/碳复合材料不亚于热解碳。

尽管碳/碳复合材料的应用领域具有增长的趋势,但目前碳/碳复合材料的生产规模以下列方式分布,在 2010—2012 年间依然维持此分布。

(1)航空制动装置和汽车制动装置中的刹车盘(63%～73%);

(2)火箭发动机喷管、火箭锥体、宇宙飞船翼的防护罩(15%～30%);

(3)电热学,即热压制的压模、实验室坩埚、工业用加热器、绝热装置(12%～15%);

(4)医学(5%～10%);

(5)高压气瓶和容器(2%～3%);

（6）建筑结构（2％～3％）。

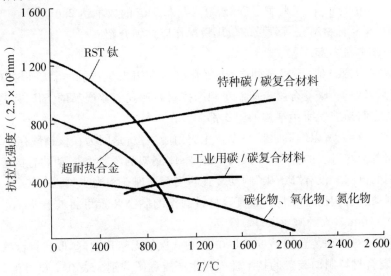

图 0.1　各种不同高温材料的抗拉比强度温度关系曲线

表 0.1　材料的力学性能比较

材料		密度/ (10^{-3}kg·m^{-3})	抗拉强度/GPa	弹性模量/GPa	抗断比强度/ [MPa·(kg·m^{-3})$^{-1}$]	比弹性模量/ [MPa·(kg·m^{-3})$^{-1}$]
玻璃碳		1.4	0.07	32	0.05	22.8
高品质聚晶石墨		1.9	0.042	12	0.02	6.31
碳纤维	高强（东丽 T-700G）	1.8	4.9	240	2.72	133.3
	高模量（M-60j）	1.94	3.8	588	1.95	303.1
碳/碳复合材料	2D	1.45	1.35	75	0.93	51.7
	3D	1.85	2.5	90	1.35	48.6
环氧树脂基碳纤维增强材料,2D		1.56	1.4	130	0.89	83.3
钢		7.8	1.4	210	0.18	26.9
铝		2.8	0.14	0.77	0.05	0.27
铝合金		3.5	0.7	11.2	0.2	3.2

对碳/碳复合材料在航空技术装备、航天火箭技术装备和其它工业领域中的应用分析结果表明,碳/碳复合材料在其它工业部门中使用量可大大增加。

在其它领域广泛使用碳/碳复合材料的最大限制是它的成本高:1kg 碳/碳复合材料的成本为 30 美元～120 美元,而某些牌号碳/碳复合材料 1kg 的成本达 250 美元。

下面就碳/碳复合材料在各领域的应用情况作以详细介绍。

1. 飞机和汽车刹车盘

据某些估算,大致 63%～81% 的碳/碳复合材料都用来生产刹车盘。根据现有各种文献的信息,不管是采用碳/碳复合材料研制单独摩擦材料形式商业产品的工作,还是采用碳/碳复合材料制作航空制动装置所用结构的工作都一直在进行。

碳/碳复合材料之所以继续占据该专业化应用的主位,是因为在该领域存在着所需的工艺和结构技术储备。在过去的至少 20 年内,汽车车体底架的零件和制动装置的零件已是碳/碳复合材料应用的范围。没有"碳/碳"制动装置的飞行器现在相当少见。

与金属制动装置相比,使用碳/碳复合材料制作的制动装置可将波音 747 - 400 飞机的总质量减少 400～700kg(大约减重 20%)。

碳/碳复合材料制动装置能够进行 500～5 000 次的无修理起降,取代钢盘的最大 1 500 次起降。碳/碳复合材料制动装置的技术性能和生产流程图分别见表 0.2 和图 0.2。

表 0.2　制动装置所用的碳/碳复合材料技术性能

参数名称	参数值
密度/(10^{-3}kg·m^{-3})	≥1.65(达 1.85)
比热容/[J·(g·℃)$^{-1}$]	1.717
抗拉强度/MPa	100～120
抗弯强度/MPa	110～132
抗压强度/MPa	100～120
在 373K 条件下的线膨胀系数/(10^{-6}K^{-1})	0.1～0.3
摩擦面上允许的单位压力/MPa	1.5
摩擦因数(平均)	0.25
使用承动载能力/(kJ·kg^{-1})	686
应急承动载能力/(kJ·kg^{-1})	1 962
最大使用温度(表面上温度达到 3 273K)/K	923

近年来,汽车所用的混杂复合材料制备工艺正在集约研制。采用混杂复合材料能够在获得新的有用属性的同时降低混杂复合材料成本。混杂复合材料通常由加入在一种基体的两种或几种纤维构成。混杂复合材料拥有大大超过普通复合材料性能的某些特有性能,例如,低密度和低成本条件下强度和刚度平衡、疲劳性能高和抗冲击性高。普及最广的是与玻璃纤维或碳纤维结合的芳香族聚酰胺聚合纤维基混杂复合材料。以碳复合材料为基础的离合器是选择

汽车离合器摩擦片时的不容妥协方案。这些摩擦片的特点是从动盘和压紧盘与转轮结合面一样都是用由碳材料制作的。三种部件组合赋予了机构所需的摩擦因数（因为碳与铸铁的摩擦因数是很低的）以及最大的耐磨性。这种机构可具有高达 1 500 ℃ 的温度极限，而且寿命比有机材料的机构寿命高 5 倍。但是它也有一个不足，即制品的价格，对于某些制品来说，这个不足当然就是不重要的。

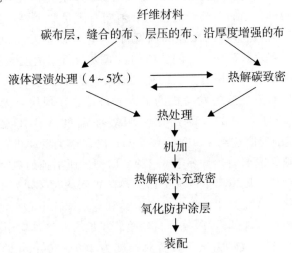

图 0.2　航空制动装置刹车盘生产工艺流程图

　　离合器的从动盘金属陶瓷扇形片的数量是不同的（3，4，6 或 8 片），每一端用扣钉标记。在部件质量最小时需要传递最大功率的情况下，使用三尖星形轮盘（三个扣钉）。这些部件仅用于赛车上，因为它们很少接通。四扣钉盘与十字相似，其工作的完成比三扣钉的盘要柔和得多，而且它的寿命较长。六扣钉盘是弧形拼板盘中最平稳、寿命最长的。

　　2. 火箭发动机喷管、火箭头锥、航天飞机翼防护罩

　　高空飞行和高超声速飞机的研制和发展、航天器的进一步完善、可重复使用的航天器的研制、航空和航天火箭技术装备动力系统的完善、电子技术的发展，都要求不断完善和研制新材料。例如，在固体火箭发动机上，喷管喉衬截面区域中的喉衬用某些填料（铜、聚四氟乙烯、银等）致密的耐热孔状材料（钨、石墨等）制作。在发动机工作时，可利用喉衬材料组分的加热、熔化和蒸发将热能吸收。此外，这些组分在转化成气体后，热能就会从喉衬的气孔中排出，形成"冷的"附壁层，喉衬的温度将不会超过某一极限值。LR－81－BA－9（8096 型）发动机的喷管扩散段用钛合金制作并带有用耐高温材料制作的内涂层。在"钛－2"运载火箭第二级发动机上，喷管的扩散段是用环氧和酚醛树脂基烧蚀材料制作的。"艾布尔-起点"火箭级 AJ－10－104 液体火箭发动机上，喷管扩散段是用钛合金制作的，且具有辐射冷却功能。2003 年 6 月 10 日成功发射了装备有 11Д58M 发动机的天顶-SL 火箭，该发动机配套有辐射冷却的"戈拉

乌里斯"碳/碳复合材料扩散段。从所得到使用带抗氧化涂层的辐射冷却"戈拉乌里斯"碳/碳复合材料扩散段的结果就可断定,这种材料在最近 8～10 年对于该应用来说是最有效的复合材料。进行过该类工作的有克尔德什中心联邦国家联合公司——问题的科研领导单位、能源火箭-航天联合企业——制作 11Д58M 发动机并进行点火试验、火花科学生产联合体——提供辐射冷却扩散段、中央特种机械研究所——研制并涂抗氧化的碳化硅涂层。

作为液体火箭发动机基础的主要矛盾在于必须同时满足两个要求:提高液体火箭发动机的经济性,必须合理增大燃烧室中的压强和温度;同时保障防护发动机材料不受高温破坏作用。在设计用于将某一有效载荷送入空间轨道的运载火箭所用的航天发动机时,很难解决这个矛盾(一般说来,这个矛盾对于所有类型的热机械来说是典型的)。

设计师们试图得到的正是这类发动机的最大经济性。在现代航天用的液体火箭发动机中,燃烧室中的温度超过 4 000℃,即仅比太阳表面温度低 1/3,燃烧产物的压强超过 1 961N/cm^2,而燃气流的速度达到 4 500m/s。在 1h 内在这类发动机 1m^2 的壁上会出现天文数量的热量,例如,在喷管喉部的热量等于 6.279×10^{11}J。所引证的数字明显说明了设计师在解决航天液体火箭发动机发展道路上巨大障碍的热防护问题时必须克服的复杂性。

能源火箭-航天联合企业、火花科学生产联合体和克尔德什中心在俄罗斯国产火箭发动机制造业首次研制出了辐射冷却的碳/碳复合材料喷管扩散段并将其应用在 ДМ-SL 火箭装置的 11Д58M 发动机上。利用气动力试验装置对长度为 100～300mm 的无冷却喷管扩散段和带有喷管可冷却部分标准固定装置进行了点火试验。这种情况下,喷管几何膨胀比 f_a 为 140。11Д58M 发动机中全尺寸喷管可实现的膨胀比 f_a 等于 280。能源火箭-航天联合企业与火花科学生产联合体、克尔德什中心和中央机械制造科学研究所一起建立了计算方法数据库,该数据库使得无须在对此专门装备的试验台上对带全尺寸喷管扩散段的发动机进行点火试验,就可进行大几何膨胀比的金属喷管扩散段和碳喷管扩散段的研制和采用。

2010 年,克尔德什中心联邦国家联合公司在展览会上展示了可用在液体火箭发动机中的纳米结构复合材料(碳/碳、碳/陶)的无冷却喷管,这就有可能将火箭发动机的平均弹道推力比冲提高 3%～5%,并将有效载荷送到轨道的成本降低 15%～20%。

使用碳/碳和碳/碳陶瓷复合材料是建立在该类材料在含有氧、磨蚀粒子和其它化学活性元素和化合物的高温气流中使用时的特殊性能基础之上的。表 0.3～表 0.5 列出了该类型材料的抗拉比强度、抗弯比强度和抗压比强度性能随温度的变化。对所列出的数据分析表明了碳/碳复合材料和碳化硅的高物理力学性能对现有的难熔材料的优势。表 0.6 列出了熔解温度超过 3 000K 的高温材料熔解(分解)温度、与氧相互作用开始的温度。对表 0.6 的分析表明了该类元素与化学最活性元素的氧相互作用的开始和反应性质。在大大低于材料熔解温度时,对于与氧相互作用的所有反应而言,材料的质量损失是特有的。碳化硅质量损失的相互作用的开始温度最高,为 2 373K。

表 0.3　高温材料抗拉比强度($\sigma_{抗拉比强度}=\sigma_{抗拉}$/密度)与温度的关系(在保护介质中试验)

单位:km

温度/K	C/C,3D, 热解碳基体	C/C,2D, 热解碳和玻璃碳基体	石墨 МПГ-6 牌号	W, Nb, Ta, Hf	SiC(自化合的)/ SiC(热解的)
1 473	7.65	4.0	2.05	2.6	4.53/7.0
1 873	8.55	4.8	2.3	1.0	3.53/6.23
2 273	9.45	5.4	2.62	0.36	2.75/5.22
2 673	10.1	6.0	2.92	0.26	2.4/4.22
2 873	10.5	6.0	3.0	0.1	1.4/3.0

表 0.4　高温材料抗弯比强度($\sigma_{抗弯比强度}=\sigma_{抗弯}$/密度)与温度的关系(在保护介质中试验)

单位:km

温度/K	C/C,3D, 热解碳基体	C/C,2D, 热解碳和玻璃碳基体	石墨 МПГ-6 牌号	W, Nb, Ta, Hf	SiC(自化合的)/ SiC(热解的)
1 473	9.6	5.5	1.6	1.3	15.6/37.5
1 873	11.55	6.6	1.7	0.5	7.8/16.25
2 273	12.3	7.3	1.75		4.3/8.1
2 673	12.7	7.5	1.75		2.2/4.0
2 873	12.7	7.6	1.8		1.0/2.2

表 0.5　高温材料抗压比强度($\sigma_{抗压比强度}=\sigma_{抗压}$/密度)与温度的关系(在保护介质中试验)

单位:km

温度/K	C/C,3D, 热解碳基体	C/C,2D, 热解碳和玻璃碳基体	石墨 МПГ-6 牌号	W, Nb, Ta, Hf	SiC(自化合的)/ SiC(热解的)
1 473	9.4	4.9	3.9	1.5	10.3/12.8
1 873	10.8	5.6	4.2	1.0	4.7/7.4
2 273	12.2	5.9	4.3	0.2	3.3/3.7
2 673	12.7	6.1	5.0		1.5/2.4
2 873	12.8	6.1	5.0		0.6/0.9

表 0.6　熔解温度超过 3 000K 的高温材料熔解(分解)、与氧相互作用开始的温度

温度名称	高温材料名称						
	C/C,3D, 热解碳	碳化硅	石墨	W	Ta	ZrC	TaC
标准条件下的熔解(分解)温度/K	3 873	3 103	3 873	3 653	3 269	3 803	4 073
与氧相互作用开始的温度和反应性质	673K 质量损失的相互作用开始	1 523K 相互作用开始;1 773~1 923K带有质量增加的相互作用开始;2 373K带有质量损失的相互作用开始	623K 带有质量损失的相互作用开始	573~673K 与熔解温度为1 773~1 673K氧化钨生成带有质量损失的相互作用开始	533K 生成熔解温度为 2 143K的氧化钽和带有质量损失的相互作用开始	1 173K带有质量增加的相互作用开始;1 373K带有质量损失的相互作用开始	500~600K微氧化;700K碳化物相溶解并生成碳和TaC/C/O体系及带有质量损失的活性氧化

注:火箭固体推进剂的组成含有碳、氢、氧和氮。而导弹固体推进剂中添加有奥克脱金炸药 1,3,5,7-四硝基-1,3,5,7-四阿扎环辛烷,环四甲撑四硝胺烈性炸药,HMX-$(CH_2)_4N_4(NO_2)_4$,二硝胺-化学化合物 $NH_4N(NO_2)_2$,这种离子盐是强氧化剂。

表 0.3~0.6 所列出的数据表明了所介绍材料最有效部分性能的最有效应用方向。若有涂层形式的抗氧化材料,就可最有效实现在物理力学性能方面相对其它材料的优势。在这种情况下,整个制品的使用期限会发生一个量级的变化。虽然碳化钽在 2 143K 温度条件下抗氧化性能足够高,但由于抗拉比强度、抗弯比强度和抗压比强度因温度升高而降低,这种高温材料就不可能与碳/碳陶瓷碳化硅复合材料竞争。

3.电热技术

长期以来,电热技术是碳石墨材料最重要的用户之一。碳石墨材料广泛用来制作应满足高耐热性和抗热性要求、电阻率小、线性和体积膨胀系数低的热结构零件。

电热装置和电热炉的使用性能以及它们的可靠性和寿命通常受到热结构零件低寿命的限制。提高热结构零件可靠性和寿命的有效途径之一就是研制电热技术所需的新型碳/碳复合材料。现代电热设备发展趋势的特点是大大扩展使用碳石墨来制作热结构零件和部件,这就有可能大大提高电热设备(装置)的使用性能。同时,该类设备最重要的技术经济指标及其进一步完善和发展的前景取决于热结构零件(加热器、坩埚、屏蔽零件、固定零件)的高温性能、电性能和强度性能。因此,新型碳复合材料得研制受到了特别关注,这种新型碳复合材料在强度性能方面大大超过已知的碳石墨材料,在质量小的情况下耐热性高,而且制品的几何形状和尺寸为研制新型电热设备开辟了全新的可能。考虑到碳石墨材料的性能,以及按传统工艺制作的毛坯件的形状和几何尺寸实际上已不能再深入探索,因而研制新碳材料的现实意义就很高。这个事实已由世界一些大公司的研制成果所证实。

到目前为止,碳/碳复合材料和混杂填料碳/碳复合材料成分的研制、制备工艺的研制、性能的研究及其在电热技术热结构零件中的应用都已成为这些公司的内部知识产权。由于碳/碳复合材料的电物理性能的资料极少,所以对这个课题的研究就具有科学意义。现有的关于碳/碳复合材料热结构零件在电热技术中的应用资料仅涉及试验件或实验室设备。这些制品的形状和尺寸近似于传统石墨的制品形状和尺寸,因此,评定它们的使用效率是相当复杂的。

在本专著中列出了已研制出用于制作电热学中热结构零件的混杂填料碳/碳复合材料的成分、制备工艺及其电物理性能、强度性能和热物理性能的资料;研究了混杂碳纤维增强材料固化过程和碳化过程的规律性;确定了混杂填料碳/碳复合材料的高温处理和高温致密的制度;研究了混杂填料碳/碳复合材料在其制作不同阶段上的物理力学性能、热物理性能和电物理性能。对于大多数已设计好的过程而言,使用了新颖的设备。

所得到的研究结果是利用在 2 573K 温度条件下的比电阻真空测定法、热重分析法、热微分分析法、光谱发射分析法、X 射线物质结构分析法这类现代研究复合材料性能的研究方法完成的。碳/碳复合材料在腐蚀介质中的化学稳定性资料引起了研究者的特别兴趣。研制新型碳/碳复合材料、掌握在保持碳/碳复合材料高性能条件下并以其较低成本制备各种不同几何形状、尺寸制品的工艺是今天新的和有前景的科技问题。将经济性的碳/碳复合材料推广到各种不同的工业领域是产生高经济效益的重要课题。

科技文献分析表明,关于混杂填料碳/碳复合材料组成、性能和在各种不同技术领域和电热技术中应用经验的资料是很少的。故而,混杂填料碳/碳复合材料的研制、制作、性能研究和在电热技术热结构零件和部件的应用就具有科学意义和实际意义。

本专著中将介绍下列成果:

(1)根据国内和国外刊物的资料对碳/碳复合材料在机械制造业和电热技术中的应用现状进行概述;

(2)研制出混杂填料碳/碳复合材料的组成和制备工艺;

(3)研究碳纤维增强材料制备制度(温度、压力、保持时间)对碳纤维增强材料材料和混杂填料碳/碳复合材料性能的影响;

(4)研究碳布增强材料和各种不同粒度成分分散石墨的含量对混杂填料碳/碳复合材料强度性能、电物理性能、热物理性能的影响;

(5)研究在高温处理时混杂填料对各种不同形状(板、圆筒、锥体)制品变形的影响;

(6)研究各种不同保护介质在对带混杂填料的碳纤维增强材料碳化时的影响;

(7)对真空电阻炉、感应炉和热等静压机中的混杂填料碳/碳复合材料零件进行试验。

4. 医学

混杂填料碳/碳复合材料普及极广。生物力学设计师使用这类复合材料来研制轻型便携式人工呼吸器和各种各样的假肢。在治疗烧伤、化脓性伤、营养性溃疡、瘘管和各种原因的伤口时广泛采用吸附碳布块(例如,СОРУСАЛ－Я)。这种吸附碳布块会降低止痛的费用,不会引起副作用,具有在短期内使伤口愈合、不留下粗糙疤痕、预防毒物的吸收性、快速消除伤口发炎和浮肿、消除外伤后的疼痛、除去伤口表面上微生物的功效。吸附碳布块产品的规格有 $10cm \times 10cm$,$20cm \times 25cm$,$50cm \times 50cm$,$50cm \times 100cm$ 等,引流带 СОРУСАЛ－Л(80%碳)、粉末状 СОРУСАЛ－П(50g,100g,300g)。在治疗烧伤的不同阶段采用不会引起伤口撕裂疼痛休克的带热解碳涂层的碳/碳布块。

在俄罗斯已研制并生产出含 99.9%碳的 ЛЕГИУС 吸附碳布块,并在俄罗斯、德国、以色列、乌克兰、南非共和国的医疗中心得到成功应用。这种布块保障创伤性伤口、烧伤、营养性溃疡、褥疮和冻疮快速愈合。这种布块相对于类似医疗用品的优点如下:

(1)不损伤伤口的表面、干后不黏伤口、不使伤口感染;

(2)高的吸附性和高的成分(几乎 100%的碳)可快速清洁伤口;

(3)干后不黏伤口,这就使绷带变得对患者最舒适,患者无疼痛;

(4)无过敏反应;

(5)很好携带;

(6)非常适合配套个人急救药包。

5. 复合材料容器和气瓶

作为气瓶和容器内壳使用的碳/碳复合材料在腐蚀性介质中的化学稳定性资料也引起了研究者的特别兴趣。与钢气瓶和钢容器相比,用连续缠绕方法制作并用于存放和运输气体的复合材料气瓶和容器可保障使质量减少 1/2～2/3,提高耐蚀性、寿命和防爆性。圆柱形、球形和近似椭圆形状的气瓶由用环氧玻璃纤维、有机纤维和碳纤维增强材料制作的承力壳体,用喷射吹模方法或旋转成型法制作的金属或聚合物基材料密封内衬和铝法兰、钢法兰或钛法兰构成。圆柱形气瓶直径为 $\phi 100 \sim 2\,500mm$,实际无限长度(分段方案),计算使用压力可达 $50MPa$,正在用于制作安全存放和运输爆炸物所用的多层复合材料集装箱。

6. 碳纳米管制作的建筑加固装置

《SciencePlanet. ru》曾报道,美国德拉华大学(University of Delaware)一组跨学科研究人员参与了碳纳米管构成的复合材料监控结构系统的开发。带碳纳米管的碳复合材料用作特别重要的建筑结构的加固部件。同时美国国家科学基金会(National Science Foundation)给德拉华大学所接纳的系成员——托马斯·舒马霍尔和埃里克·托斯坚松在三年内支付了300 000美元数额的建筑用复合材料研制奖励基金。该研究的倡议是因 2007 年所发生的不幸事件,即明尼阿波利斯的密西西比河大桥断塌而发起的。断塌是不精确设计的后果,在建设最高潮时这种不精确的设计导致了桥孔破裂。在该事故发生后,所完成的研究表明了在结构中采用碳纳米管的可能性,并将其称为智能管柱(smart skin)。初始的研究表明,混杂的玻璃纤维复合材料碳纳米管可用作与混凝土连接的连续传导管柱。传导管柱极易变形并易受其它损伤。据托马斯·舒马霍尔和埃里克·托斯坚松的看法,这种敏感件可作为结构件采用,在这种结构件中混杂复合材料纤维加固所损伤的结构,或许可作为无结构功能的敏感件联成整体。

　　碳纳米管的独特性在于它能够完全与复合材料融为一体,形成复杂体系基先进纤维,这种复杂体系仍保留着自己的微结构,但由于使用纳米管又增添了新的功能。这种混杂复合材料敏感件的主要优势是其能够与现有结构结合,不以现有结构的形状或在建设时新结构的研制为转移。

第1章 碳/碳复合材料增强方式、组成、性能分析和制备工艺

1.1 碳/碳复合材料的增强方式

任何材料结构的强度,其中包括复合材料结构的强度都取决于极限应力水平,破坏时刻材料中所产生的应力是外部载荷作用的结果。刚度(或弹性模量)是决定结构在外部载荷作用下位移的材料特性。刚度是直接与结构失稳现象相关的,这种失稳现象是由于结构中所产生的高应力水平导致大位移扩展所造成的。这种现象一般都会导致结构破坏,或正如力学家所说的那样,导致结构的承载能力消失。比强度和比刚度是极限应力和弹性模量与材料密度的相应比值。材料的比特性越高,结构就越轻或强度就越大,失稳的阈值就越高。复合材料与传统材料的根本区别是其至少有两种差别很大的能赋予复合材料特殊性能的组分:一种组分在结构中是连续的,另一种组分是以各种不同形式和形状分散的。

用作增强材料的有高强玻璃纤维、碳纤维、有机纤维、硼纤维、金属丝和线状晶体等。复合材料中的增强组分常采用单纤维、丝条、金属丝、束丝、网格和布等形式。在纤维复合材料中,高强纤维是增强组分,承受外部载荷作用时结构中所产生的应力,并保障增强方向中复合材料结构的刚度和强度。复合材料的定向特性是复合材料最重要的优点。可用复合材料制作性能预先给定的、完全符合工作特性和工作条件的结构件。制作复合材料所采用的纤维和基体材料以及增强方式的多样性就可有针对性地调整强度、刚度、工作温度水平、化学稳定性和其它性能。增强件和基体的结合就形成复合材料的综合性能,这种综合性能不仅取决于复合材料各组分的初始性能,而且还包含着各单独组分不具备的性能。复合材料有可能使用制品新的设计和制作原则,这些新的设计和制作原则是建立在材料和制品在同一个工艺过程范围内同时制作的基础上的。

复合材料在各种不同结构中的使用效率取决于制品计算、设计方法以及制品制备工艺的完善程度。所研究的与传统金属合金不同的材料特点是,材料通常与结构制作同时成型。在这种情况下,由纤维排列方式所决定的材料力学性能可在宽范围内变化,这就有可能得到与作用载荷波谱相对应的物理力学性能定向各向异性的结构。因此,除了研制几何形状外,用复合材料制作结构还要求确定材料的合理结构,也就是确定层的数量和交互方式、增强件的定向角

度和种类、增强件在结构中的相对含量和其它参数。同时,复合材料的使用效率在很大程度上取决于制品的形状、用途、使用条件与复合材料性能和实现设计的工艺条件的相符程度。

20 世纪 80 年代所研制的并已生产了 20 多年的复合材料网格结构,能成功地将单向复合材料的高比强度和刚度与保障在结构中有效实现材料性能的相应结构工艺方案和工艺方法相结合。网格结构通常是由用自动连续缠绕方法制作的螺旋肋系和环向肋系构成的圆筒形或锥形壳体。最佳的网格结构没有蒙皮,然而,根据结构要求可制作成带单面或双面蒙皮的结构。如今,生产单位长度(与截面轮廓长度单位相吻合的)轴向压缩载荷达 600kN/m 的直径 4m 和长度达 8m 网格结构已被调试好。1m² 碳纤维增强材料或碳/碳复合材料的真实结构面(考虑到外蒙皮、连接部件、切口,诸如此类)的质量为 3～6kg。网格结构的高质量比和经济效益就使将其用作航天运载器的对接舱、燃料舱和整流罩,飞机和直升飞机的机身段,各种不同用途的支架和塔成为可能。

在高温条件下,聚合物基碳纤维塑料中基体强度低,而且在 523～573K 以上温度条件下,强度性能几乎完全丧失,这就必须使用碳基体。碳基体的耐热性接近碳纤维的耐热性。

碳纤维作为增强填料使用,一些文献中也介绍了以玻璃碳或多晶碳作为基体使用的新型复合材料。这类材料被称为碳/碳复合材料或 C/C 复合材料。碳/碳复合材料的增强类型和增强方式在许多方面类似于聚合物基碳纤维增强材料。增强类型和增强方式的选择是研制不同用途零件时的主要要求之一。

可将已知的碳/碳复合材料增强方式分为以下三类。

(1)在两个方向(2D 增强)定向的纤维和布,如图 1.1(b)(c)所示。这种 2D 增强方式是彼此之间用聚合黏合剂将不同编织的布(斜纹布、缎纹布等)连接起来的层叠。2D 毛坯件也由预浸料(带、束丝等)用螺旋或层叠缠绕,以及花瓣铺布层方法制作。

(2)纤维杂乱排列(细毛毡和毛毡),如图 1.1(a)所示。

(3)纤维空间多方向排列(3D,4D,5D 等增强方式),如图 1.1(d)～(l)所示。这是结构碳/碳复合材料最有前景的增强形式。总共存在 7 种最平衡的纤维铺放结构,这些结构的各向异性随着方向数量的增加而增大:3D,4D,6D,7D(4+3);,9D(6+3),10D(6+4),13D(6+4+3)。此外还存在两种变体,即 3D-编织结构变体(4D-k,5D-k)和 4D 结构的变体(5D)。

在三个方向中空间增强结构件在纤维质量和数量是相同的情况下,最简单的空间增强结构是 3D 结构。这种结构足够平衡、密实且制作简单。3D 空间增强结构中纤维的体积分数为 75%。3D 立体增强结构的一个缺点是相交叉的纤维束之间有气孔,这些气孔被隔离而形成封闭气孔。这个缺点妨碍着整体基体的形成。3D 空间增强结构的另一个缺点是平行层之间的结合强度低,因为层之间的连接只有在垂直方向才得到保障。4D 增强方式消除了 3D 方式的缺点,结构件的排列方式也是这样的,纤维的体积分数也为 75%,同时,开口的大气孔占总体积的 25%,因此,在 4D 增强方式中形成整体基体是可能的。

5D 结构、6D 结构包含 4D 结构方式所有的优点,相对主方向四阶轴向对称,这就简化了制品力学性能和热物理性能的理论计算。

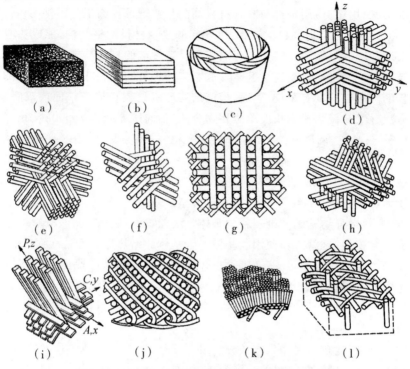

图 1.1　碳/碳复合材料中纤维排列(结构)原理图

(a)混杂结构；(b)层状结构；(c)花瓣结构；(d)3D 正交结构；(e)4D 结构；
(f)4D-k 结构；(g)5D-k 结构；(h)5D 结构；(i)轴向-径向-圆周结构；
(j)轴向-螺旋结构；(k)径向-螺旋结构；(l)轴向-径向-螺旋结构

回转体增强结构是建立在与线性纤维相同的变量基础之上的(见图 1.1(i)~(l))，并拥有与 3D 和 4D 线性结构相同的缺点和优点。此外，它们的特点是密实性变化，密实性(从内表面到外表面)在径向方向减小。

圆截面纤维束的 3D,4D,6D 结构增强方式的特性在表 1.1 列出。

表 1.1　圆截面纤维束的 3D,4D,6D 平衡结构的特性

特性	3D	4D	6D
纤维束的排列	方格网排列	交错排列	交错排列
棒束之间的角度/(°)	90(在两个方向)	70.5(在三个方向)	90(在一个方向)
密实性/(%)	59	68	49.4
气孔率	封闭气孔	开口气孔	开口气孔
各向同性	差	良好	接近完美

特性	3D	4D	6D
刚度	差	良好	极好
分层	轻微	不可能	不可能
平面截面中的棒最大表面/(%)	19.7	34	24.7

1.2　碳/碳复合材料增强结构制作的方式、制作过程和极限填充系数

碳/碳复合材料增强结构的初始制作过程之一是混杂增强结构制作过程。这个过程最简单并在实践中应用得相当久。

混杂增强结构的制作过程包含下列阶段。

(1)预先将纤维短切成 40～60mm 长的段。

(2)在水介质中将纤维粉碎成 0.5～10mm 长并按给定的比例与可焦炭化的低聚物(聚合物)粉末混合。

(3)将所制备的悬浮体注入模具中,抽真空,压制。

(4)在 430～460K 温度下热处理、在 1 100～1 300K 温度下热处理。

碳/碳复合材料所用的 2D 结构制作过程是依次在一个平面铺放用可结焦黏合剂浸渍的单向单层。在湿法铺放时,浸渍和铺放过程是配合并进的,而在干法铺放时,单层浸渍和烘干是独立进行的。单层的铺放是用烘干的增强材料(丝、束丝、带)进行的。由于碳/碳复合材料制品可承受的载荷极其不均匀,就采用增强材料的各种不同铺放方式。

通过变化层的铺放方向,就可得到在铺放平面具有各向同性和各向异性性能的材料。

根据增强纤维在铺放平面的取向,可将 2D 结构分为以下几种:

(1)单向结构;

(2)纤维铺放角度沿厚度变化的正交增强结构;

(3)交叉增强结构;

(4)混杂增强结构。

所列举出的 2D 结构铺放类型在制品材料中实现了相对结构中间平面的对称性、斜对称性、不对称性、物理性能和几何性能。

不管在制作不同形状和不同截面的制品时所采用的工艺方式多么不同,2D 结构的原则性缺点是横向断裂强度和层间剪切强度依然很小。横向断裂强度和层间剪切强度高的空间增强结构制作过程分为三种,即纤维束丝的混杂编织,用刚性棒装配以及用对基体预先热处理时所

生成的分散晶格（晶须）制备。

用纤维丝束复杂编织的空间增强结构是，空间联系是利用其中一个方向的所有纤维或部分纤维弯曲而形成的，称之为双纱制。双纱制所构成的材料特征标志是在经纱方向（X 轴）有给定的纤维弯曲度，而纬纱（Y 轴）纤维是平直的。层间的联系是用经纱纤维与纬纱平直纤维交织实现的。这类材料的基本结构要素是经纱纤维的弯曲度及经纱和纬纱方向中的增强系数。现有些研究者正在研制较复杂的增强方式。这种形成层间连接的原则就有可能用于研制性能沿厚度变化的材料。

在双纱制所形成的结构方式基础上研制并试验检验了一组厚度为 1.5mm 到数十毫米，用来制作承力结构和热防护结构的复合材料。这些材料的剪切刚度和强度大大高于层状材料和单向材料的刚度和强度。

以三纱利或四纱制为基础的制作方式是用纤维丝束复杂编织制作空间增强结构的进一步发展。

空间联系依靠采用第三个方向纤维——所谓的三纱制所形成的空间增强结构形式主要用来缝合层状结构和布结构。这种方式的本质缺点是缝合时布的纤维或粗纱损伤严重。

三维编织工艺的发展就有可能使用任何连续纤维，其中包括用碳纤维来制作成批的多向增强材料。

三维增强材料实际上可为任何厚度：有尺寸为 200mm×200mm×450mm 的块、直径为 400mm、长度为 900mm 和厚度达 40mm 的圆筒。所达到的横向抗拉强度为 300MPa，扭转试验的抗剪强度为 90MPa，这就超过了单向复合材料和正交增强复合材料的相应性能，同时横向撕裂强度增大了一个数量级。

已研制出了带矩形孔和三角形孔的特种形式全布蜂窝结构，这种结构用来制作深潜器、火箭喷管和抗各个方向压缩强度高的壳体所用的材料。用四纱制可制备增强材料不同空间排列方案的复合材料。得到最广泛推广的是 4D 方案，其特点是增强材料沿立方体四个对角线方向排列。4D 复合材料在立方对称主平面的剪切模量值最大，主轴线中的弹性模量值最小，而在增强方向和沿立方体对角线的弹性模量值最大。这些含有碳基体材料的应用前景正在不断增大，譬如，使用这些材料来制作火箭发动机喉部入口部分和火箭头部。当给定的增强方向沿加强筋或平行六面体的对角线配置时，用刚性棒装配制作空间增强结构要比纤维束编织更好。棒是用气相沉积热解碳方法或挤拉成型方法制作的。使用定向碳纤维作为棒体，而对于挤拉成型方法来说，碳纤维用（结焦的）热固性或热塑性树脂浸渍。

第三种方法（用对基体预先热处理时所生成的分散晶格（晶须）制备）是一种特殊制作方式，即采用在纤维表面所生长出的或掺入到纤维之间基体中的丝状晶体（晶须）形成层间联系来在碳/碳复合材料中形成空间增强结构。增强纤维表面上的晶须生长（固结）过程被称为晶须化。对这一类材料来说，最典型的是两种增强方式：①丝状晶体在一个平面和整个体积内混杂排列。②可以使各种不同纤维晶须化。碳纤维的晶须化是特别有前景的，因为在制作碳纤维增强材料时会产生达到增强材料和基体很好黏结的最大困难。可以实现两种提高黏结力的途径,即表面涂层和晶须化。由于工艺优点,主要使用氮化钛、氮化铝和氮化硅丝状晶体来对纤维晶须化。增强材料晶须化是用气相培育丝状晶体,沉积气悬体和悬浮体丝状晶体进行的。第一种方法特有的是有纤维与晶体牢固连接。采用后两种方法时纤维与晶体的连接是利用与聚合黏合剂表面相互作用实现的。层压板复合材料的缺点是横向压缩强度不高。在纤维晶须化和表面处理时这个指标会明显得到提高。例如,由于晶须化,碳纤维增强材料的抗压强度从400MPa 增大到 1 300MPa。纤维直径的增大使得抗压强度增大,然而这种途径对于碳纤维来说是不能接受的。为了提高冲击强度,建议用弹性体包覆纤维表面,采用碳纤维和玻璃纤维的混杂结构,在这种情况下,同时也提高了抗压强度。

虽然晶须化工艺有一定的优点,但是应当承认,制造晶须化的材料需要研制新的工艺,因为只有在这种情况下才会产生实现晶须化所有优势的可能性。为了查明碳/碳复合材料中各种不同增强方式结构的优点和缺点,就必须测定它们的极限增强系数。这个参数是评定碳/碳复合材料性能的主要参数之一。

某些类型结构的理论允许极限增强系数值在表 1.2 列出。

表 1.2 某些类型结构的极限增强系数 $\mu_{极限}$

序号	增强方式	增强方向数	纤维的铺放	与铺放平面正交的直线纤维体积分数,μ/(%)	$\mu_{极限}$
直线纤维增强					
1		1	六角形铺放		0.907
2		1	直角铺放		0.785
3		2	层状(任意)铺放		0.785
4		3	直角铺放(在三个平面)	33.3	0.589/0.589~0.785
5		4	六角形横向各向同性铺放	30.0	0.563/0.559~0.75

序号	增强方式	增强方向数	纤维的铺放	与铺放平面正交的直线纤维体积分数,μ/(%)	$\mu_{极限}$
6		4	在两个正交平面斜角铺放		0.680($\alpha=35.26°$)/0~0.383($\alpha=0°\sim90°$)
7		5	在两个正交平面斜角铺放并缝合		0.536($\alpha=35.26°$)/0.907~0.393($\alpha=0°\sim90°$)
在一个平面中纤维弯曲					
8		3	直角形铺放并一层弯曲	23.7	0.740(0.728)/0.732~0.785
9		3	单斜铺放并在一个平面反向弯曲	25.7	0.770/0.760~0.785
10		3	六角形铺放并反向弯曲	32.3	0.702/0.701~0.760
11		3	直角铺放并逐层弯曲	15.1	0.744(0.589)/0.737~0.777
12		3	直角铺放并隔层弯曲	11.3	0.754(0.629)/0.746~0.777
13		3	单斜铺放并隔层弯曲	33.4	0.572(0.561)/0.572~0.659

续表

序号	增强方式	增强方向数	纤维的铺放	与铺放平面正交的直线纤维体积分数，$\mu/(\%)$	$\mu_{极限}$
			空间曲线纤维		
14		两根纱加捻，一根纱（加捻）编结	六角形铺放并沿一层缠结	13.7/5～100	0.656 0.734/0.720～0.907 （$\alpha=0～12°$）
15	ϕD ϕd	（加捻）编结的纱数 $n=8～24$	六角形铺放复丝（编结的束丝）	36.3～74.3	0.772～0.874 （$\alpha=18°～72°$）

注：$h=s$ 时的 $\mu_{极限}$ 值在括号中列出。在使用直径相同的圆柱体形状纤维时的 $\mu_{极限}$ 值用分子列出，利用变化平面中纤维直径的增强总系数值的变化范围用分母列出。

参数 μ（%）表示与铺放平面正交的直线纤维占所有增强材料的体积分数。

对于平面中纤维弯曲的情况来说，增强方向数假定等于 3（平面中两个方向，一个方向与平面垂直）。

直线纤维和曲线纤维增强方式的比较结果表明了纤维弯曲材料的体积增强系数值增大。因此，在所有方向控制纤维弯曲的碳/碳复合材料弹性性能实际上是可实现的。

在实际的空间增强结构形式中，由于碳纤维和碳基体不同性能的技术条件，必须给极限系数输入修正因数。实际条件下极限增强系数的测定证明了碳纤维和碳基体的密度差以及材料体积内气孔体积分数的实质影响。空间增强结构制作的完善在两个方向开展：用碳/碳棒和碳纤维增强材料棒装配空间增强结构。每一种装配形式都有各自的优点和缺点。

采用碳/碳棒就有可能预先预测空间增强结构的性状和性能，这是研制整体复合材料的重要要素。采用热塑性和热固性黏合剂制作碳纤维增强材料棒空间增强结构就能够成型具有所需性能的空间增强的碳纤维增强材料。由于形成无法消除的高封闭气孔率，采用这种碳纤维增强材料来制作碳/碳复合材料是相当不可靠的。

现在介绍自适应复合材料结构件。由于可预测压缩变形、弯曲变形、拉伸变形、扭转变形耦合效应设计性能完全确定的各向异性，碳/碳复合材料就成为了制作所谓的自适应构件用的先进材料，这些自适应构件可在以下三个主要方向研制。

（1）设计和制作被动自适应构件，要使这些自适应构件在相当复杂的实际各种负载作用下，都能显示出确定的和复杂的位移系统。例如，在供给内压时，用挤拉成型方法制作的薄壁圆柱棒形式的机械手执行构件会被拉伸、在两个平面中被弯曲并扭转，这样使得它的一端在空间沿给定轨迹移动。

(2)主动自适应构件利用温度变形或压电效应的电作用以给定的方式变形(如在发送电信号时,采用导电纤维制作的飞机平面网格翼板会具有给定的曲率,这就有可能保障机翼在各种不同飞行状态的最佳空气动力学)。

(3)以解决增强介质力学逆问题为基础的复合材料自适应工艺,能够从实质上扩大传统工艺过程的可能性。缠绕方法既给制品的形状,也给增强轨迹加上了不能制作复杂形状构件的限制。由于黏合剂在固化过程中对这类构件的附加作用,用缠绕方法成型的毛坯件制作这类构件实际上是可实现的。

1.3 碳基体和碳/碳复合材料的制作工艺过程

碳基体的制作方法和制备工艺决定其结构和性能。碳/碳复合材料的性能很大程度上取决于碳基体的性能和结构。应用最广泛的有以下两种碳基体的制作方法。

(1)对碳纤维增强材料的可结焦聚合物基体碳化,随后高温处理。

(2)在碳纤维预制体气孔中气相沉积碳氢化合物热分解时生成的热解碳,随后高温处理。这两种主要方法的各种变异和组合在图1.2中列出。

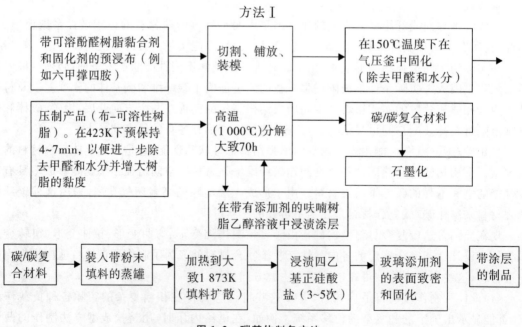

图 1.2 碳基体制备方法

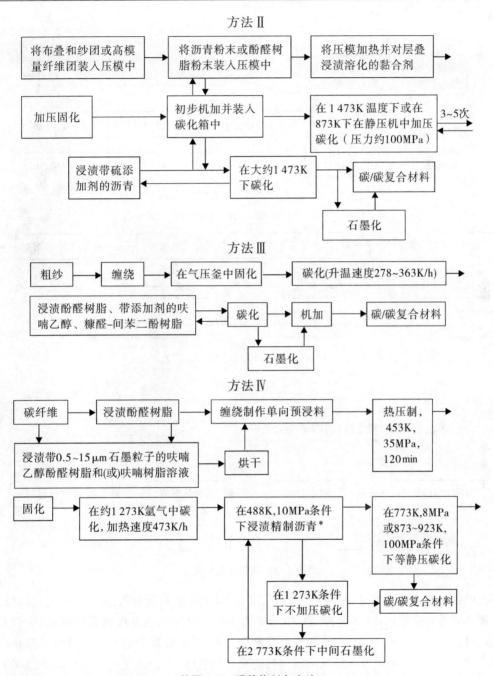

续图 1.2　碳基体制备方法

* 浸渍沥青的性能：软化温度 376～363K；馏分质量分数，%；在甲苯中的不溶解馏分—27.1；在氮萘中的不溶解馏分—6.9；残碳值—44.3%（>55%）。

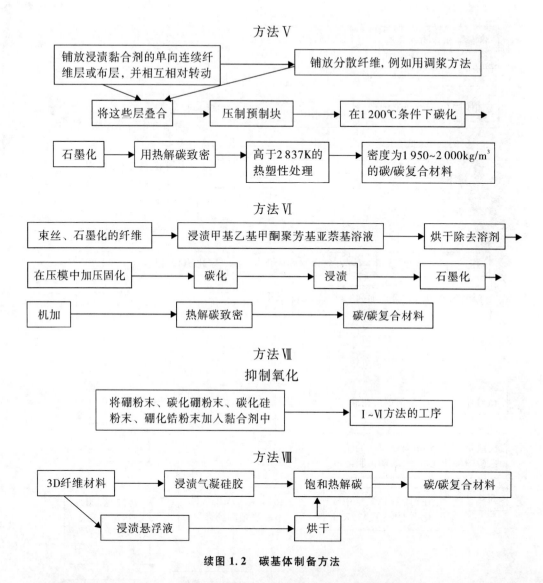

续图 1.2　碳基体制备方法

在用碳化制备碳基体时,采用石油沥青、煤沥青(残碳值质量分数 70%～73%)、可熔酚醛树脂或热缩酚醛树脂固化(聚合)产物(质量分数 54%～60%)、酰亚胺低聚物固化(聚合)产物(质量分数 63%～74%)、苯酚和萘酚与甲醛缩聚产物(质量分数 70%)、苄并咪唑低聚物(质量分数 73.9%)缩聚产物作为碳纤维增强材料的聚合物基体。

对塑料毛坯件基体的要求:对碳纤维的浸渍性好、碳化时收缩量小、强焦炭值高。重复浸渍会增大材料的强度和密度,同时碳/碳复合材料的成本也会增大(见表 1.3)。

表 1.3　沥青的浸渍度对单向碳/碳复合材料性能的影响，制作方法 Ⅳ

生产阶段	抗拉强度/MPa	弹性模量/GPa	密度/$(10^{-3}\mathrm{kg \cdot m^{-3}})$	气孔体积分数/(%)	气孔平均直径/nm
第一次碳化后	201±11	68±8	1.383	25.20	1 249
浸渍-碳化第一个周期后	249±20	87±11	1.424	16.84	1 247
第二个周期后	287±18	109±18	1.417	14.48	3 070
第三个周期后	271±20	124±16			
第四个周期后	224±18	140±10			
第五个周期后	259±29	126±18	1.410	5.88	1 248

基体碳化时所析出的二氧化碳气和水可能与纤维表面相互作用并将纤维强度降低 10%～70%。

多次浸渍对 5D 材料的影响不大。在 500～600℃ 条件下，在等静压机中的中间烧结有助于将中温沥青的残碳值从 0.1MPa 压力下的 32% 增大到 100MPa 压力下的 90%。

用在碳纤维预制体的纤维上沉积热解碳方法制备碳/碳复合材料的碳基体时都采用以下两种过程。

(1)等温过程。在碳纤维预制体(毛坯件)表面温度恒定和炉子反应室真空的条件下进行。供给碳氢化合物气体气流通过反应室。等温方式的一种变体是，在反应室填充满线性尺寸不超过 0.3mm 的固体碳粒子时，在沸腾层中高温致密。高温饱和碳的等温方式用来制作薄壁制品。等温过程的另一种变体是在压力－真空状态脉冲高温致密方法。这个方法的特点是对反应室腔抽真空，在 1 060～1 088K 温度下(实际上没有气体分解)，给反应室腔填充碳氢化合物气体达到大气压力，此后借助感应加热将碳纤维预制体的温度升到 1 270～1 288K。

(2)热梯度过程。在碳最大沉积速度位置保持最大温度区域，而且碳氢化合物气体从较低温度一端供给时，保障沿碳纤维预制体厚度的温度梯度。

用沿预制体(毛坯件)厚度的气体压力梯度方法或用气体渗透制作碳基体是众所周知的。随着热解碳的沉积，毛坯件的渗透性就会降低，于是高温饱和的方法就变得与等热过程相似。

热解碳基体制品碳化后的碳/碳复合材料结构是不完善的。在碳基体的制备过程中，碳/碳复合材料中会产生内应力，在高于碳化或高温致密温度的使用温度条件下，这种内应力能导致制品变形和产品尺寸出现偏差。因此，为了制备热稳定材料，根据碳/碳复合材料的使用温度，应对材料进行达 3 273K 的高温处理。

　　为了使碳基体、最终使整个碳/碳复合材料具有特殊的性能,采用结焦基体和热解碳基体的复合基体。复合基体密度高、强度高,同时还提高了整体碳/碳复合材料的密度和强度。

　　众所周知,为了预防碳纤维氧化、降低碳纤维增强材料毛坯件中的内部应力(由碳纤维与黏合剂的黏附力减小而引起的),可采用带热解碳涂层的碳纤维。根据本专著作者的研究,碳纤维涂层的最佳厚度在 0.003～0.08nm 范围内。

　　为了减少碳/碳复合材料在使用过程中的氧化,可采用各种不同的抑制剂。对于碳/碳复合材料来说,最通用的阻聚剂是硼、碳化硼、碳化硅、硼化锆、四乙基正硅酸盐。在碳/碳复合材料的所有制备阶段——从碳纤维的准备到最终机加后的最后表面致密工序都加入了抑制剂。

　　提高医学和技术装备中所使用的碳/碳复合材料的物理力学性能,以及提高它们的 X 射线不透性是完善该类材料性能的最重要方向。不透 X 射线这个术语相对于具有吸收 X 射线属性的物质而使用。许多含碘的不透 X 射线物质广泛用作 X 射线照相中反差大的物质(见碘吡啦啥、碘潘酸)。钡盐(例如,硫酸钡)也属于不透 X 射线的物质,并在 X 射线研究消化道过程中以钡悬胶体或灌肠器的形式采用。对于医学诊断来说,不透 X 射线性是特别重要的,因为它能提供正确的诊断,而后保障客观监测所发现的病理治疗。达到此目的的方法之一是,保障含有碳布层填料的碳/碳复合材料具有附加含硼的热解碳基体,同时,碳/碳复合材料基体中的组分质量分数如下:硼 1%～19%,其余为热解碳。此外,为了还能较大提高这类碳/碳复合材料的物理力学性能并使材料具有不透 X 射线性,可给碳布层之间的碳/碳复合材料填料附加加入钛网格层。在基体中另外加入硼就可使基体的物理力学性能提高程度不低于 50%。这是利用在基体中除热解碳外生成能增大基体强度的碳化硼而达到的。例如,像碳纳米复合材料、用碳氢化合物与难熔金属卤化物一起高温分解方法所制备的热解碳材料、各向同性高温石墨这类已知含有热解碳基体的复合材料类似性能低 50%。同时,按照碳纳米复合材料和各向同性高温石墨碳氢化合物一起高温分解方法所制备的复合材料具有较均质的、各向同性的小晶体结构和均匀密度。

　　碳纳米复合材料结构中有质量分数为 10%～20%碳化硼形式的硼,这一与不含碳化硼的碳纳米复合材料的区别是,含碳化硼的碳纳未复合材料的物理力学性能提高了 50%以上。碳纳米复合材料由于其特有的性能(密度高、强度高、耐磨性高、与血液和机体组织生物的适应性)在医学上得到了越来越广泛的应用。例如,用碳纳米复合材料制作人造心瓣主要部分。到目前为止,世界上已制作、提供并成功发挥功能的有数十万人造心瓣。在物理力学性能以及在毒理学和血栓免疫力试验结果方面,含有 10%～20%硼和其余为各向同性热解碳的所有材料都满足对体内器官材料提出的要求。因此,所选的基体组分比可保障进一步增大医用碳/碳复合材料的应用。为了较大提高碳/碳复合材料的物理力学性能并使材料具有不透 X 射线性,建议在填料中采用钛网格层。钛的熔化温度为 1 677℃,而碳/碳复合材料的制备温度为 1 000℃左右,因此,在碳/碳复合材料结构中钛网格实际上保持着自己的性能,并使碳/碳复合材料变得更结实和不透 X 射线。RU2391118 专利的发明实现方式如下所述。

为了制备碳/碳复合材料,用工业石墨(牌号 ГМ3,ГЭ 和性能类似的其它牌号)制作尺寸与电真空装置内部空间尺寸相符的管状加热器芯模(加热器芯模的外径和长度与所需毛坯件的内径和长度相符),采用碳布(例如,乌拉尔,ТГН - 2М 或性能类似的其它牌号)作为增强材料的初始材料。这些碳布都是俄罗斯工业生产的,其形式是宽度为 500mm、长度为 10～40m 的布带,原料是黏胶丝。碳布中的碳纤维密度在 1.16～1.5g/cm³ 范围内变化。为了防止粉尘生成,将碳布卷预先浸水,然后缠绕在加热器芯模上,直至得到所需的层厚度。在缠绕过程中,沿带宽度切断多余的布。缠绕的密实性由布的张力控制,为 0.5g/cm³(根据碳纤维而定)。将带缠绕好碳布的加热器芯模放在烘箱中,在 120～140℃ 条件烘干 6～8h。用电真空装置对用这种方式成型的毛坯件进行热梯度气相致密。将 1～4 个毛坯件同时装入装置中,毛坯件彼此竖立安置并用上、下电极压紧。气相致密方式如下:在天然气和三氯化硼蒸气流中,用直接通电流对组合件加热,达到石墨加热器芯模外表面为 1 000℃ 的温度,然后将温度连续升高并在毛坯件外表面温度达到 1 050℃ 后终止过程。在这种情况下,按照所供气体的一定比例,碳/碳复合材料基体中的组分将为如下比例:硼质量分数为 1%～19%,其余为热解碳。在致密过程完结和将装置内的组合件冷却到室温后,从高温热解反应室中取出组合件并将其分成各组成部分。借助压机将所致密的毛坯件从加热器芯模上取下,然后重复用这些加热器芯模来致密类似的毛坯件。将从加热器芯模上所取下的碳/碳毛坯件在车床上加工,直至得到与给定几何形状相符的几何形状。为了较大提高碳/碳复合材料的物理力学性能并使材料具有不透 X 射线性,将钛网格层铺放在碳布层之间的填料中,然后碳/碳复合材料的制备过程与上述过程类似。依我们之见,使用增强碳/碳组分制备的辐射工艺有进一步提高碳/碳复合材料性能的前景。

表 1.4 所列出的玻璃碳性能表明,目前所制定的减小气孔率的任何工序都不能达到碳/碳复合材料基体中所列牌号玻璃碳的开口气孔率水平。

制备碳纤维增强材料的优点有:避免了在这种生产中使用通常很有害的溶剂、使用有毒性的固化引始剂、使用低效和耗能的炉子;制备了寿命长的预浸材料(室温条件下的寿命为一年以上);减少了在用热化学方式将预浸材料加工成制品时对预浸材料的再次固化时间;在最终固化时,依靠形成相互穿透的分子网格制备了较高强度的复合材料。据现有的信息,这种方式将碳纤维增强材料复合材料制品的制作效率提高了 30～50 倍,同时大大降低了碳纤维增强材料的制备成本,而且玻璃碳基体不需要采用极其昂贵的用热解碳,或液相浸渍沥青时的沥青焦碳或聚合物基树脂饱和的工序。在不小于 12MPa 固化压力下,用酚醛树脂制备聚合焦化基体就有可能在热处理后得到高性能的玻璃碳。表 1.4 所列出的工业牌号 СУ - 1300,СУ - 2000,СУ - 2500 的玻璃碳性能表明了,在高压力条件下采用增塑剂所制备的玻璃碳可具有的性能。

低密度碳/碳结构材料制备工艺流程的主要部分是将废碳纤维、废布、废短纤维、废丝束分散并与液体(溶液)或干聚合黏合剂形成均匀的混合物。

表 1.4　工业牌号的玻璃碳性能

指标	СУ－1300	СУ－2000	СУ－2500
密度/(g·cm^{-3})	1.49～1.52	1.46～1.51	1.44～1.50
开口的空隙度/(%)	0.2～1	1～2	1.5～2.5
抗弯强度极限/MPa	107～127	130～160	
抗拉强度极限/MPa	33～60	54～75	
弹性模量/MPa	2.35×10^4～2.88×10^6	2.73×10^4～2.89×10^6	
比电阻/(Ω·mm^2·m^{-1})	45～50	40～43	38～41
20℃条件下的导热系数/[W·(m·℃)$^{-1}$]	3.7～4.1	5.1～6.1	6.4～7.8
20～1 500℃条件下线膨胀系数/10^{-6}K^{-1}	4.4～5.1	4.4～5.1	4.4～5.1
透气度/(cm^2·s^{-1})	10^{-12}～10^{-11}	10^{-11}～10^{-10}	10^{-10}～10^{-9}
最大工作温度/℃			
在惰性介质和真空中	1 300	2 000	2 500
在空气中	400	500	500

在许多情况下,为了降低产品的成本,允许将未碳化的黏胶纤维废料或已氧化的聚丙烯腈纤维废料添加到纤维混合物中。黏合剂可为热塑性或热固性聚合物-煤焦油、煤沥青或热固性的酚醛树脂。热塑性或热固性低聚物水溶液可用作黏合剂。

碳纤维组分的体积分数不应超过 6%～12%。在这种情况下,复合材料的气孔率为 92%～95% 的水平,这就决定了碳绝热的高热物理性能。压块是在室温条件下成型的。

碳热防护零件制备工艺的高温部分和制作结构石墨时一样,包括碳化和高温处理。工艺的特点是用管网气体分解的热解碳致密工序相对短暂。

高温处理的极限温度应与将使用的温度相符,但不低于 1 750℃。在这个温度条件下,形成碳材料的基本热力性能和热物理性能——比热、导热系数和热导率。在其它使用温度条件下,允许变化热处理温度。在要求提高材料纯度的情况下,应根据特纯碳材料的制备规程确定热处理的极限温度。

采用轻质材料预制件装配大型结构时,用高温胶黏合方法,并在胶合后对装配好的结构进行高温处理。研究最深的是采用酚醛树脂基耐热胶装配碳/碳材料结构。为了提高胶缝的强度,在胶组成中采用能与碳生成碳化物的填料。在 1 350～1 450℃ 温度下,强度的稳定性取决于胶缝中碳化相的生成。所得到的碳化硅胶缝在非氧化介质中耐高温达 2 500℃,并在使用温度达 1 300℃ 的含氧工作介质中保持技术适用性。

　　带专用包装的轻质碳/碳复合材料结构可用汽车、航空和铁路运输工具运输,用吊车索具在炉中安置时能承受工艺装配,在进行这些工序时能经受住冲击载荷,而在有外部机械损伤时轻质碳/碳复合材料也容易被修复。将烧毁或损坏的部分用刀具切掉,用准备好的构件填充并用冷固化树脂或酚醛树脂将其粘上。在第一次高温工艺周期后胶缝就会具有不次于材料本身强度的强度。试验查明,炉子的筒形组件、炉盖和炉底隔热板的使用时间约为 10 年。这种结构隔热层损坏的主要原因表现为,在低于 300℃ 温度下打开炉子时的氧化或在进行装卸工作时的多次损伤。在有必要提高结构强度和刚度的情况下,从炉套内、外将组件的缝隙用碳布带糊上。必要时,这种夹层结构在每一工艺周期中可经受多次装配-拆开。在三点弯曲时,夹层结构的变形曲线也是线性的,而且碳隔热层中的原发分层不会导致整体结构破坏。

　　热强度高和热稳定的碳/碳复合材料工艺是建立在碳纤维增强的含碳化硅基体基础之上的。在逐次将初始碳纤维增强材料的可结焦聚合物基体热化学转化成输送型开口气孔结构的碳基体时,就产生了碳化硅基体制备问题,输送型开口气孔结构的碳基体首先是用毛细管浸渍液硅和将碳转化成碳化硅的方法转化成碳化硅基体的。为了防止液硅与增强碳纤维的相互作用,在碳/碳预成型件内表面上涂碳化硅镀膜。这种碳化硅镀膜会形成防碳向液硅扩散的扩散阻挡层,通过改变碳/碳预成型件组分的化学活性,这种阻挡层会保障液硅与碳/碳预成型件组分相互作用的选择性。

　　为了使碳/碳预成型件碳基体整体浸渍液硅,有学者提出了新的原理并在其基础上研制出了碳基体的制备工艺过程。碳基体的多孔结构的特点是输送型开口气孔占多数,在这种情况下,哪怕是其中一种在碳化时气化而不生成残碳的组分相互渗透聚合网的混合结焦基体受到热解作用,在所生成的碳基体中都会形成开口型通道气孔。

　　按照这种工艺所制备的结构材料在约 1 700℃ 温度的氧化介质中具有很高的物理力学性能。在 1 700℃ 温度下,这种材料的热强度比室温条件下的相应指标高 50%,密度达 2.7g/cm³,抗弯强度极限为 120~140MPa,抗拉强度为 60~80MPa,抗压强度为 250~300MPa,弹性模量为 120~140GPa,线性膨胀温度系数为 $3.5 \times 10^{-6} \sim 4.5 \times 10^{-6} K^{-1}$,导热系数 6~8W/(m·K)。所研制的热强度复合材料拥有制作各种不同用途的发动机和装置的承载结构和部件、飞行器的外热防护、激光技术装备、火箭技术装备、电热设备(加热器、热防护、隔热板、炉衬)的需求。

　　碳/陶瓷复合材料是用碳纤维增强组分与含分散在碳化硅中过渡型碳的混合基体整体结合制备的。碳/陶瓷复合材料的制备工艺是建立在用高温可调节加热条件下的碳化和石墨化,以及对所得到的碳基体碳化物处理将酚醛树脂基初始碳纤维增强材料的聚合物结焦基体热化学转化成碳基体基础上的。由于将相容性理解为增强碳纤维与刚性碳化物基体共同存在,并且不管是各组分,还是由组分构成的复合材料在高温加热条件下都不会失去特性,增强碳纤维与刚性碳化物基体的相容性就成为了其中一个最重要的问题,不解决这个问题就不可能研制出实用的复合材料及其制品。热相容性和化学相容性的特性,以及基体与增强材料之间相互作用的反应性质最主要的是影响制备的方式、工艺方法以及所制备复合材料的物理力学性能,并决定着对作为材料组分的基体和增强材料的综合要求。

应将在复合材料制备阶段和高温使用时的碳纤维与碳化物基体的热相容性和化学相容性区分开。

在用硅熔体与碳化的碳陶瓷复合材料前体的碳基体热化学相互作用成型碳化硅基体时，碳基体的气孔结构提供了硅与碳纤维接触的许多可能性。这些相界面上的反应由于纤维碳转化为碳化硅而使碳纤维性能降低。纤维碳化硅与所生成的碳化硅基体熔结。所生成的陶瓷体系特点是在载荷下发生崩裂性、脆性断裂，强度低。由于拥有对于硅的高化学活性，碳纤维在工艺过程中表现出与作为碳化物基体生成反应剂的硅熔体的化学不相容性，所以必须防止纤维与硅接触。

与其它热稳定性组分相比较，碳纤维和碳化硅陶瓷基体在功能和寿命特性方面是最稳定的一对化学相容组分。如果解决了这对组分的热相容性，由于在高温条件下的化学相容性，这对组分将作为热强度复合材料在技术装备中就会得到应用。

对各种不同碳纤维和热强基体材料的热物理性能比较分析表明，就线性热膨胀系数值水平而言，水解纤维素纤维基碳纤维与碳基体和碳化硅基体的相容性好。按照增强理论，高模量和超高模量的聚丙烯腈基纤维由于具有很好的碳化硅基体相应指标弹性模量值，就能增大碳陶瓷复合材料的强度。然而，由于基体和高模量纤维增强材料的热系数差别大而产生的高应力变形状态，在这些材料基础上制备无分层缺陷的复合材料是不会成功的。

用黏胶丝生产的碳纤维材料在强度性能方面不可能与聚丙烯腈碳纤维形成竞争，然而，它们却拥有聚丙烯腈纤维不具有的综合性能。

石墨化黏胶丝布较于聚丙烯腈基纤维的优点如下：

(1)纤维比表面积较大、热膨胀系数大；

(2)加工成制品的工艺性较好；

(3)导电性较高、辐射稳定性好；

(4)摩擦因数和导热系数较低。

在制备碳/碳复合材料时，主要采用布形式的黏胶丝碳纤维作为复合材料的增强材料。

性能的单独组合就预先决定了黏胶丝碳纤维材料最有效的应用领域。不同国内和国外制造商生产的石墨化黏胶丝布的物理力学性能列于表1.5中。

除与物理力学性能的要求相符外，碳纤维应具有高温条件下的耐热性或热稳定性。这个性能说明碳纤维不会改变自己的形状、尺寸和物理力学性能并不发生热化学转化的能力，也就是说，在热强度产品制作和使用过程中给定的热条件下依然是准稳定的。热稳定性取决于碳纤维制备的实际温度，并随着该温度的升高而增大。在这种情况下，纤维在达到制备时实际加热温度之前的所有使用温度条件下都是热稳定的。

试验研究结果证明，在制备碳纤维预浸材料的工艺阶段，有针对性地选择碳纤维增强材料和研制复合结焦黏合剂就已开始形成抗热性制品的性能。在研制碳基体的聚合结焦黏合剂组成时,必须考虑到不管聚合树脂在何种组合条件下,聚合树脂的焦碳值总是比 100% 小得多。

表 1.5　经纱和纬纱密度不均匀的石墨化黏胶丝布物理力学性能和热物理性能

指标名称	指标值
宽度为 5cm 的布条抗断强度极限/MPa	经纱—800,纬纱—150
面密度/(g·m^{-3})	250～260
碳纤维的表观密度/(g·m^{-3})	1.35～1.40
碳纤维的强度极限/MPa	500～1 000
含碳质量分数/(%)	≥99.2%
灰分质量分数/(%)	≤0.5%
纤维的直径/μm	8～9
标准条件下平行于表面的导热系数/[W·(m·K)$^{-1}$]	0.15～0.2
比热容/[J·(kg·℃)$^{-1}$)]	0.84×10^3～1.00×10^3
比电阻/(Ω·mm^2·m^{-1})	经纱—70,纬纱—120
20～1 000℃ 条件下的线膨胀系数/10^{-6}K^{-1}	2.0～4.0

　　由聚合物热解而生成的碳基质具有气孔、裂纹和其它不密实性。试验查明,完成综合工艺过程所有工序后剩余的基体气孔率会明显降低碳/陶瓷抗热性制品的强度、气密性和热稳定性。从提高焦炭值观点,从碳化时在所生成的碳基质中形成均匀分布的输送型开口气孔观点和从提高用现代成型方法处理加工成制品碳纤维增强材料毛坯件的工艺性观点来实施对聚合黏合剂组分的选择。

　　作为耐热性制品成型过程基础的是用预浸料铺层或缠绕制品多层毛坯件并随后直接压制、气压釜或热压缩成型和固化的方法。采用预浸料既能提高复杂几何形状和大尺寸的薄壁制品成型过程工艺性,也能提高大厚度整体制品的成型过程工艺性,同时大大扩展对材料改性处理的可能性,以保障在以提高成品耐热制品使用性能为目的的碳化、致密和碳化物处理工艺阶段上进行热化学转化过程。在采用酚醛树脂制作抗热性制品的情况下,在碳化时,酚醛树脂会生成强度较大的碳基质并且残碳值高、再处理的工艺性好、易工业生产试制、价格低,然而,酚醛树脂固有某些缺点,这些缺点会造成碳陶(碳/陶瓷)复合材料的制备困难。酚醛树脂在碳化时残焦炭中会形成多半为封闭的和不通型气孔的倾向,对已碳化的制品毛坯件致密和碳化物处理时的扩散过程有不利影响。为了打开这类气孔,必须在高于 1 500℃ 的温度条件下进行专门热处理。但是,这种处理后,而且有时几次这种处理后远不是所有的气孔都被打开。这个缺点可通过采用在热解时不生成焦炭或生成少量焦炭的聚合物组分对酚醛树脂改性的途径消除掉。

在酚醛树脂基浸渍混合物中均匀分布的,而在固化后以三维网格形式在聚合物基体中存在的这种组分在碳化时由于高温分解而从聚合物基体中被除去,从而在碳基体中就形成开口的孔体系。这种孔体系首先有助于在碳化时改善从所生成的碳基体中脱去酚醛树脂热解挥发产物,其次是在致密和硅化时可较容易填充碳化元素和化合物。通常在制备预浸材料时将不生成焦碳的组分加入到酚醛树脂中。必须使不焦化的组分不与酚醛树脂直接发生导致树脂固化的化学相互作用。不焦化组分初级网格的合成用浸渍填料在通过电子加速器辐射室连续输送时对填料电离辐射的方法实施。在这种辐射条件下,酚醛树脂不会发生固化反应。根据所进行的碳纤维增强材料和已碳化毛坯件的开口气孔率与碳纤维增强材料固化温度关系曲线的测定试验和对改性酚醛树脂、浸渍混合物的聚合物组分、已辐射的和未辐射的预浸材料碳化时热解的衍生法研究结果查明。在150~170℃温度条件下,不焦化组分的分解变得明显;酚醛树脂在这个温度条件下处在胶凝状态并失去流动性。因此,在不焦化组分热解时所形成的导气毛细管就没有被封闭,当树脂的流动性大时就会出现这样的结果。在酚醛树脂热解后气孔依然是开口的,因为酚醛树脂热解的气态产物沿着以前所形成的输送气孔体系被排出,从而增大了气孔的尺寸。在对碳基体碳化时,碳基体中开口气孔的这种形成机理已被复合材料已碳化毛坯件开口气孔率与碳纤维增强材料固化和高温处理温度的关系曲线研究结果所证实。

用改性的酚醛树脂基预浸材料制备的半成品和最终材料的试件较未改性酚醛树脂基制备的试件具有更高的物理力学性能指标。在这种情况下,所制备的碳纤维增强材料和碳/碳复合材料作为结构材料得到了单独的应用。按照使用条件,耐热性制品应具有高的热稳定性和高强度。然而,在碳陶复合材料总的综合性能中,这些性能以反常的方式结合,即复合材料热稳定性的寿命随其硅化(碳化)度的提高而增大,但是,同时随之出现强度减小的趋势。在制备过程中,采用有助于在已碳化毛坯件的碳基体中形成输送型开口气孔体系的改性酚醛树脂会从实质上降低陶瓷复合材料强度随其硅化度的提高而减小的趋势。可观测到的效应是与碳化物处理过程取决于碳基体在高温条件下与硅相互作用的能力相关的。在这种情况下,碳基体的化学活性应超过碳增强的碳纤维与硅相互作用的活性。在碳基体中形成输送型开口气孔会依靠扩展碳基体与硅的接触面积而大大提高碳基体在与硅相互作用时的化学活性,并有助于碳基体较充分的浸渍液硅。浸渍发生在硅与碳基体的化学相互作用并生成碳化硅的开始之前不久,这就有助于开口气孔体积填充硅,因而就提高了硅化度。既然由于较完善的结构和较已碳化毛坯件碳基体相当高的制备温度,基体碳与硅相互作用时的化学活性就高于增强纤维碳的类似特性,那么,碳化复合材料的硅化过程就按照选择性原则——主要是利用基体碳与硅相互作用进行,因而就会得到表观密度为 $2.5\sim2.7\text{g/cm}^3$ 的高硅化度复合材料。所制备的复合材料的抗弯强度极限为120~140MPa,这就可将其评定为结构材料。复合材料中碳纤维的存在除了提高复合材料热稳定性外,还会增大复合材料的冲击强度,使得复合材料在负载下的破坏就变得较具韧性,使复合材料丧失突变脆性破坏的能力。材料的抗压强度极限为250~300MPa,抗拉强度极限为60~80MPa,弹性模量为120~140GPa,线膨胀系数为 $3.5\times10^{-6}\sim$

$4.5 \times 10^{-6}/K$，导热系数为 $6 \sim 8W/(m \cdot K)$。

所研制出的碳陶复合材料广泛用来制作各种用途的发动机承载结构、承载部件和组件、飞行器、激光和火箭技术装备、电热设备热防护、加热器、隔热装置、热屏蔽及炉子的炉衬。

1.4　碳/碳复合材料的性能

碳/碳复合材料的性能取决于许多因素，其中决定性的因素是碳纤维的性能、增强方式(结构)、碳基体的性能、制备工艺、总气孔率、封闭的气孔率、开口的气孔率和高温处理温度等。

不同增强结构对碳/碳复合材料物理力学性能的影响在表 1.6 中列出。

碳/碳复合材料性能与增强方式、增强材料类型和纤维体积分数的关系数据在表 1.7 中列出。

当碳布用作增强材料时基体类型对碳/碳复合材料性能的影响在表 1.8 中列出。

表 1.6　不同结构的碳/碳复合材料的物理力学性能

参数	美国		法国	
	2D	3D	4D	布
材料牌号	5451	SPE	Супкарб – 500	Аэролор – 22
基体类型	沥青碳	沥青碳	沥青碳	热解碳
热处理温度/K	$1\,570 \sim 1\,650$	1\,970	$1\,800 \sim 1\,950$	$1\,500 \sim 1\,800$
抗拉强度/MPa	45	115		$40 \sim 70$
抗压强度/MPa	90	77	$70 \sim 120$	$120 \sim 200$
弹性模量 E/GPa	28	65		$20 \sim 30$
导热系数/$[W \cdot (m \cdot K)^{-1}]$	$5.9 \sim 15.0$	$18 \sim 22$	$50 \sim 150$	
在 $300 \sim 2\,300K$ 条件下的线膨胀系数 $\alpha/(10^{-6} K^{-1})$		1.86	$1.0 \sim 2.0$	

表 1.7　视增强方式而定的碳/碳复合材料的性能

增强方式(结构)，增强材料类型，纤维体积分数	弯曲强度/GPa	弹性模量/GPa	层间剪切强度/MPa
1D，纤维，5%	$1.2 \sim 1.4$	$150 \sim 200$	$20 \sim 40$
2D，布，35%	0.3	60	$20 \sim 40$
3D，缝合布，50%	$0.25 \sim 0.3$	$50 \sim 150$	$50 \sim 80$
混杂方式，碳毡，35%	0.17	$15 \sim 20$	$20 \sim 30$

表 1.8　碳布基碳/碳复合材料的性能

初始基体	抗弯强度*/MPa	弯曲弹性模量/GPa
酚醛基体	132/93	14.7/10.3
环氧酚醛基体	113/93	14.0/13.3
有机硅基体	128/77	12.8/8.5
聚苯并咪唑基体	32/56	14.7/19.2

* 在297K温度条件下的值用分子给出,在756K温度条件下的值用分母给出。

碳/碳复合材料的性能在很大程度上取决于最终的高温处理的温度(见表1.9)。

表 1.9　在不同的热处理温度条件下碳/碳复合材料的性能

复合材料的成分		热处理温度/K	密度/(kg·m⁻³)	弯曲强度/MPa	弯曲弹性模量/GPa
增强材料	基体				
高模量纤维	酚醛树脂碳	1 270/2 870	1 550/1 640	149/588	17.2/18.5
碳毡	高温碳	1 370/2 900	1 570/1 610	130/108	26/23
连续纤维		1 370/1 530	1 500/1 530	54/48	25/22

注:碳/碳复合材料的低温热处理制度温度和与其相对应的性能用分子列出,碳/碳复合材料的高温热处理制度温度和与其相对应的性能用分母列出。

碳/碳复合材料具有足够高的摩擦性能。摩擦因数因纤维取向和滑动速度变化的标准曲线如图1.3和图1.4所示。

碳/碳复合材料的抗压强度、抗拉强度和模量与高强度和高纯度石墨对应性能的比较关系曲线如图1.5所示。增强结构对碳/碳复合材料破坏特性的影响如图1.6所示。

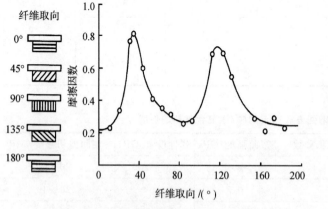

图 1.3　单向碳/碳复合材料中纤维取向对摩擦因数的影响

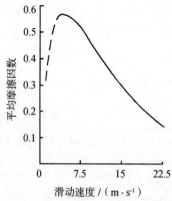

图 1.4　滑动速度对碳/碳复合材料平均摩擦因数的影响

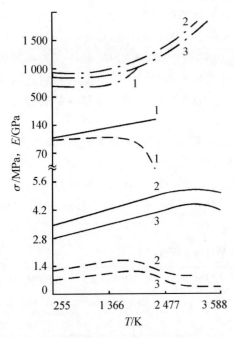

图 1.5 AVCO/3D 类型碳/碳材料和 ATJ‑S 纯石墨
材料压缩强度(一·一),抗拉强度(一)和拉
伸弹性模量(一一一)与温度的关系曲线
1—AVCO/3D;2—顺着晶粒的 ATJ‑S;
3—横着晶粒的 ATJ‑S

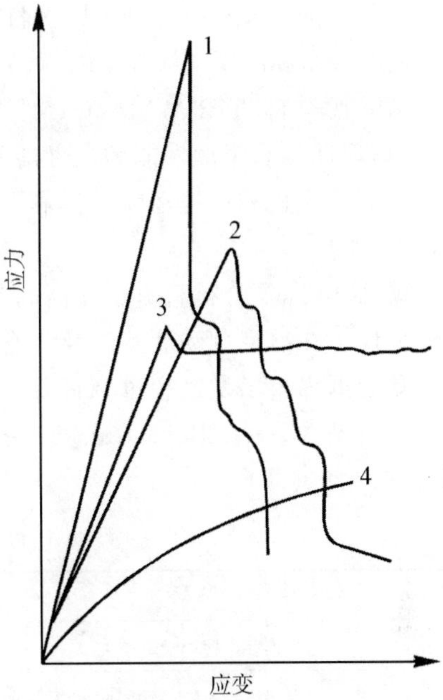

图 1.6 不同结构的碳/碳复合材料应力‑
应变图(在 3 300K 条件下)
1—1D;2—2D;3—3D;4—3D

在高温、高速气流、高速液体金属、侵蚀性介质、机械和侵蚀磨损作用条件下使用的毛坯件和零件制备工艺正在不断地完善。所找到的新解决方案有可能得到碳/碳复合材料的性能并减小其变化。工艺的完善首先是影响碳/碳复合材料的应用领域:飞机、高速运输工具的刹车块和刹车盘、加热器、热屏蔽、热设备的固定件、冶金设备的热负载零件、化学和石油天然气设备的零件、航天火箭技术制品喷管装置、头锥、喷管的喉部嵌块。飞机、高速运输工具的刹车块和刹车盘所用的"阿尔戈纶"牌号新碳/碳复合材料的性能在表 1.10 中列出。

表 1.10 "阿尔戈纶"牌号碳/碳复合材料的性能

指标	测量单位	TX	2D	3D	4D
密度	g/cm³	1.75~1.85	1.3~1.6	1.7~1.8	1.8~1.9
抗拉强度极限	MPa	40~60	80~150	50~120	50~120
抗压强度极限	MPa	110~180	25~100	120~180	100~140
导热系数	W/(m·K)	40~120	6~20	6~20	44~34
比热容	J/(kg·K)	680~2 000	680~2 000	680~2 000	680~2 000
线膨胀系数	$10^{-6} K^{-1}$	1.5~2.5	1.5~2	0.75~5	0.03~2.5

已熟知的"TEPMAP"牌号摩擦材料的制备工艺正在不断完善,这种材料是含沥青基体或复合基体的碳布和高模量纤维基碳/碳复合材料,在各种不同使用条件下,具有稳定的摩擦性能。

新一代材料"ТЕРМАР-ФММ""ТЕРМАР-ДФ""ТЕРМАР-АДФ"的特点是物理力学性能、热物理性能和摩擦性能高。性能的改变是通过变化碳填料的类型、基体、材料的制备工艺来达到的。飞机和高速运输工具刹车块和刹车盘所用的这些牌号碳/碳复合材料的性能在表1.11中列出。

碳/碳摩擦复合材料由于在高温条件下摩擦性能高、比热高、导热系数高、强度高,在国外已经替代了在航空制动装置以及其它高负荷和高速技术装备中作用的其它材料。航空制动装置碳盘的世界市场量已超过两百万个/年(约70亿美元)。最知名的碳/碳摩擦复合材料刹车盘生产商是 Messier Bugatti 公司(法国),Dunlop(英国),BF Goodrich,Honeywell,ABSC 和Hitco 公司(美国)。

表 1.11　新一代材料的物理力学性能

牌号		ТЕРМАР-ФММ	ТЕРМАР-ДФ	ТЕРМАР-АДФ
密度/(g・cm^{-3})		1.70~1.75	1.80~1.85	1.80~1.90
强度极限/MPa	抗压强度极限	100~120	120~150	150~200
	抗弯强度极限	140~160	80~85	130~150
	抗剪强度极限	5~10	9~10	15~20
导热系数/[W・(m・℃)$^{-1}$]	平行于压制轴线	15~20	23~25	30~40
	垂直于压制轴线	35~40	50~100	50~60
线膨胀系数/(10^{-6}K^{-1})	在 20~200℃		0.5~1.0	0.1
	在 20~400℃		0.8~1.3	0.3
	在 20~600℃		1.1~1.5	0.7
摩擦性能*	摩擦因数	0.35~0.40	1.5~2.0	0.25~0.30
	线性磨损(一次制动)/μm	0.25~0.5	0.28~0.35	0.5~1.0

* 摩擦性能是在 ИМ-58 摩擦机上得到的。

从制作碳/碳摩擦复合材料工作开始至今已经过 30 多年了。这类材料由于耐热性高、摩擦性能高并稳定、力学性能和热物理性能高而替代了高速飞机和重载飞机制动装置中的其它所有材料。同时,在此期间没有将这类材料应用领域实质性的扩展到包括汽车和铁路在内的其它种类运输工具(除公式-1类赛车和一系列汽车的离合器外)。依我们之见,其主要原因是价格高以及在湿度和吸附周围介质粒子影响下摩擦性能降低。在大多数地面运输工具特有的运动速度不大和温度不高条件下,这些因素都会导致摩擦因数值降低。从 20 世纪 90 年代开始,研制碳纤维和含有碳化硅基体的 C/C/SiC 类型新型摩擦复合材料的工作得到了集约发展。在耐磨损性高、比热高和导热性高的条件下,碳化硅的高耐氧化性(在空气中达 1 350℃,在保护介质中达 2 000℃)就能够大大提高这类复合材料的使用工作性能。国外实践中已将所谓的陶瓷刹车盘扩展到耐恶劣使用条件和寿命长的一系列汽车制动装置中。此外,在高速列车和某些起重运输装置刹车部件中应用这些刹车盘的前景被看好。

这类材料的制备工艺是各种各样的,并取决于许多因素,其中主要的因素是硅源的成分和聚集状态,以及碳纤维强度的守恒。硅源可为易挥发硅化合物、有机硅树脂溶液或金属硅。在采用气相方法(Chemical Vapor Infiltration,CVI)时,将用任何方式制备的多孔碳/碳预制体放入真空炉中,在 1 000℃ 条件下将饱含硅和碳挥发化合物蒸气,例如三氯甲基硅烷(CH₃SiCl₃)蒸气的载气(氩气、氮气、氢气)供入炉中,气体渗入毛坯件的气孔中,含硅的化合物在气孔表面上分解并生成碳化硅,过程类似于碳高温分解致密,同样,为了对整个毛坯件体积均匀致密,这个过程在较低温度条件下进行,所以这个过程是特别长的。这个方法的优点是硅和碳由气相供给,预制体的碳不参与碳化物的生成,因而就不可能出现增强纤维强度降低。采用含硅聚合物的制备方法(Polymer Impregnation and Pyrolysis,PIP)是建立在碳预制体液相浸渍聚碳硅烷、聚碳硅氧烷或烷氧基碳硅烷基础之上的。在援引的最新资料中,指出了应用由各种不同碳纤维结构与树脂预先制备和压制的预制体。在树脂浸渍和固化后进行热处理,以便由有机硅聚合物生成碳化硅。这个方法也能够得到游离硅质量分数不超过 3% 的近似化学计算的硅,然而与树脂或沥青碳化时一样,该方法在转换过程中浸渍材料质量损失大。这种情况迫使将浸渍和热处理周期重复多次,以便达到复合材料足够的密度。此外,有机硅树脂实际上不是工业化规模生产的,故价格高。

有研究者将碳纤维与酚醛树脂和硅粉末(有时是碳化硅添加剂)混合,借助在 200℃ 条件下压缩式压制制作这种混合物毛坯件。在 850℃ 温度下对树脂碳化,然后将毛坯件在高于硅熔点的温度(通常在 1 600℃)条件下热处理,在热处理过程中硅和树脂碳生成碳化硅。用这种方式制备的制品气孔是足够多的,所以必须采用其它方法对它们致密。在工业条件下普及最广泛的是借助硅熔体液相浸渍碳预制体制备陶瓷摩擦盘的方式。液相浸渍工艺是俄罗斯和乌克兰制造商在生产硅化石墨制品时开发的。这个过程也适用于航天用途的产品,而且生产率高和成本较低。图 1.7 所示为浸渍液硅生产刹车盘的工艺原理图。

刹车盘毛坯件的成型可用各种不同方法实施,如用碳布或碳纱带和酚醛树脂制备预浸材料、将短切碳纤维与粉末或液体树脂混合并用预浸材料或毛坯料混合物压制、用气压釜或真空对纤维预制体浸渍树脂及其它类似方法。

压制与随后树脂的固化(聚合)一样,都是在不超过 200～250℃ 的温度条件下进行的。然后,在不低于 850℃ 温度下将毛坯件在惰性气氛中热处理-碳化,从而得到多孔的碳/碳毛坯件。最后对毛坯件机加,使其具有接近成品制品的形状和尺寸,并对其硅化处理,在高于硅熔化温度的温度(1 420℃)下真空浸渍硅。在用金刚石刀具进行最终机加时,要消除硅化处理所造成的尺寸偏差。

在硅化处理过程中,所熔化的硅通过渗入多孔碳/碳毛坯件的气孔和裂纹中对毛坯件浸渍,并与预制体的碳相互作用。所生成的碳化硅在硬度和抗氧化性方面大大超过了碳(见图1.7)。

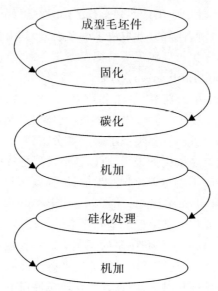

图 1.7　C/C/SiC 型材料陶瓷刹车盘制作工艺原理图

第 2 章 生产碳基复合材料所用的原始材料性能分析

2.1 碳/碳和碳/碳-碳化硅体系复合材料在实际使用阶段的使用参数

所研制的碳/碳或碳/碳-碳化硅复合材料在每一个使用领域都具有一系列特点和性能。碳/碳和碳/碳-碳化硅体系复合材料最广泛的应用领域是不同结构、不同尺寸和不同形状的摩擦装置。

碳/碳体系复合材料的最初摩擦装置出现在 1970—1975 年间并使用在航空技术装备中。这类材料较其它摩擦材料具有一系列优点,如密度低的同时耐热性高、强度高、弹性模量高、抗热冲击性高等。这些材料在氧化介质中能在达 500℃温度下长时间工作,在惰性介质和真空中能在达 3 000℃温度下长时间工作。尽管有一系列良好的性能,碳/碳体系复合材料摩擦装置在含氧介质中并不具有所必需的长期寿命。

摩擦用途的碳/碳-碳化硅复合材料第一家生产商是 SGL 公司(德国),该公司在 1999 年就开始生产保时捷-911 汽车所用的碳陶刹车盘,此后陶瓷制动装置开始应用到奔驰、布加迪、兰博基尼、奥迪汽车中,然后应用在其它比较便宜的汽车和专用汽车中。随后著名的意大利布列姆博公司也开始生产陶瓷刹车盘。目前,刹车盘的生产总量为 30 000 片/a 左右。陶瓷刹车盘的寿命超过 300 000km,这至少比钢或铸铁刹车盘寿命多 3 倍。已有将这类材料在高速火车和高速起重运输装置中成功使用的信息。

在现代技术发展水平上,表征摩擦材料使用条件的主要参数如下:

(1)摩擦面的温度大于 1 000℃和体积内的温度大于 600℃。

(2)温度急剧变化时摩擦因数的稳定性和摩擦面无卡滞倾向。

(3)使用的工作介质:氧气、水蒸气、油蒸气、氮气。

(4)所要求的制动数量不少于 5 000 次。

(5)初始摩擦速度为 50～100m/s,压强为 27～70MPa。

(6)摩擦因数最大有效值范围为 0.23～0.5。

碳/碳和碳/碳-碳化硅体系的复合材料在航天火箭技术装备的成功应用使得运载工具的

这个领域发展到一个崭新的水平(见图 2.1)——在核火箭发动机中使用碳/碳和碳/碳-碳化硅体系的复合材料。

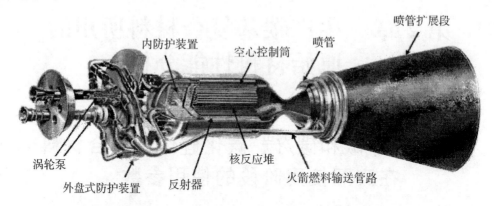

图 2.1　美国的核火箭发动机 NASA-NERVA(Wiki)(俄罗斯的类似发动机为 РД-0410)

美国的核火箭发动机 NASA-NERVA(Wiki)喷管延伸段(nozzle skirt extension)是用碳/碳-碳化硅体系的复合材料制作的。碳/碳和碳/碳-碳化硅体系的复合材料在航天火箭技术装备的使用量处在第二位。在现代航天火箭技术发展水平上,表征作为烧蚀材料和热防护材料的碳/碳和碳/碳-碳化硅体系复合材料使用条件的主要参数如下:

(1)固体推进剂火箭发动机的比冲为 2 000~3 000m/s。

(2)固体推进剂火箭发动机的推力 1.275×10^4 kN 以上。

(3)液体火箭发动机的比冲达到 4 500m/s。

(4)液体火箭发动机的推力达 7.845×10^3 kN 以上。

(5)固体推进剂火箭发动机、液体火箭发动机、核火箭发动机的温度局限于燃烧室和出口延伸段结构件材料所允许的最大温度(不超过 3 000K),这就限制了燃烧产物流的速度。

(6)据最新估算,固相核火箭发动机的比冲为 8 000~9 000m/s。

(7)高压强,从数十个大气压到 250atm[①]("天顶"运载火箭的 11Д520 液体火箭发动机)。

(8)在使用时火箭发动机组成中磨蚀性粒子(氧化铝、氧化硅)、高温和氧化介质的同时作用。

(9)这种类型核火箭发动机中结构件的耐热性不是起遏制作用的因素,因此,当喷管出口端工作体温度达 1 200K 时,工作体流的速度可能会超过 30 000m/s(推力约为 2.942×10^4 kN)。

(10)液体燃料组分的主要性能和某些组合的成分在表 2.1 中列出。

---

① 注:1atm=101.325kPa。

表 2.1　液体燃料组分的主要性能组成

氧化剂	燃料	燃料的平均密度/(g·cm⁻³)	燃烧室中的温度/K	真空比冲/(m·s⁻¹)
氧	氢	0.315 5	3 250	4 194
	煤油	1.036	3 755	3 283
	偏二甲联氨	0.991 5	3 670	3 371
	联氨	1.071 5	3 446	3 391
	氨	0.839 3	3 070	3 165
四羟基重氮	煤油	1.269	3 516	3 028
	偏二甲联氨	1.185	3 469	3 116
	联氨	1.228	3 287	3 156
氟	氢	0.621	4 707	4 400
	联氨	1.314	4 775	3 940
	五硼烷	1.199	4 807	3 538

按碳/碳和碳/碳-碳化硅体系复合材料使用量,占据第三领域的是电热技术。表征作为电热设备各种不同结构件的这类复合材料使用条件的主要参数如下:

(1)电热技术中可达到的温度为 3 873K 以上;

(2)加热室的工作介质为水蒸气、油蒸气、真空、氮气、氢气;

(3)连续工艺周期的持续时间达几个月;

(4)工作腔中的真空度值达到 10^{-3}Pa,而剩余压力达 10^7Pa。

电热技术中热应力最大的零件是加热器、屏蔽、梁形式的承力构件。这些零件的常见形状是板、圆筒、锥体、槽形材、角材。

所列出的基本要求清单必须以在复合材料中使用耐热性和热强度高的组分为前提。因此,在选择原始组分时偏重石墨化(不小于 2 473K)的 УРАЛ - T22,ТГН - 2М,ЭТАН - 1 牌号的布形式纤维填料;偏重 МПГ - 6,ГМЗ,ГЭ 牌号的石墨分散碳填料(石墨化温度不小于 2 873K)。

为了选择黏合剂或复合材料的未来基体,研究了普通的树脂和已碳化树脂基碳化胶木纤维塑料的力学性能(见表 2.2)。

基体是重要的成分,它保障复合材料的整体性,固定制品的形状和增强纤维的相互配置。基体材料在很大程度上决定着制品的制作方法,决定着复合材料的工作温度级、化学稳定性、在大气空气和其它因素作用下性能变化的特性。

为了制备碳基体,主要采用能得到玻璃碳的酚醛树脂。这些树脂的玻璃碳允许在 2 773K 以上的温度条件下使用,而且与其它树脂相比,也具有较高的强度性能。

表 2.2 聚合黏合剂和碳化黏合剂基碳化胶木纤维塑料的力学性能

黏合剂		弯曲破坏应力/MPa			弹性模量/MPa		
		温度/K					
		297	533	756	297	533	756
酚醛	p	200	92		12.700	5.300	
	c	135	110	95	15.000	13.000	10.800
环氧酚醛	p	220	83		12.500	10.200	
	c	115	110	90	14.300	13.300	10.500
有机硅	p	72	58		5.500	6.000	
	c	130	122	88	13.000	14.000	9.700
聚苯并咪唑	p	88	72		12.700	12.200	
	c	33	35	27	15.000	15.000	8.400

注:p—聚合黏合剂;c—碳化黏合剂。

有机硅黏合剂提供耐热性不超过 1 473~1 523K 的碳化基体,这就明显限制了复合材料的应用范围。从表 2.2 可以看出,其它黏合剂的强度性能较低(试件的压制压力为 10MPa),而且它们的价格比酚甲醛高很多。这种材料的弹性模量也具有类似的关系。

碳/碳复合材料的高气孔率是其一系列性能不稳定的原因,且会减少电热装置中的零件工作总寿命。因此,在碳/碳复合材料的气孔中沉积高温碳(高温致密)是制备高使用性能材料的重要工艺工序,高温碳的使用温度达 3 273K 以上。

按照碳/碳和碳/碳-碳化硅体系复合材料使用量排序,占据的第四个领域是医学。表征作为各种医学制品的这类复合材料使用条件的主要参数如下:

(1)用来净化血液、生物液体,治疗脓伤、烧伤和糖尿病创伤时的特别化学纯度和生物纯度;

(2)复合材料与人体材料的生物适应性;

(3)人体组织的再生,并无不良后遗症;

(4)碳带断裂和重组,并取代正常的结缔组织。

排在碳/碳和碳/碳-碳化硅体系复合材料使用量飞速增长的第五领域的是使用碳/碳复合材料运送腐蚀介质。表征作为运送腐蚀介质管道的这类复合材料使用条件的主要参数如下:

(1)0.1~10MPa 压力作用;

(2)浓碱和浓酸的作用;

(3)使用温度约 100℃。

在建设国民经济各种不同领域的工业企业时,制作和安装工艺管道占相当多的时间。冶金工业、石油化学工业、化学工业和其它部门工业的大型企业工艺管道的总质量为数十万吨。在这类企业中,工艺管道的安装成本为 25%～65%。

作为研究对象的管道对于在化学工业、石油化学工业、火箭和航空工业应用管道的世界所有发达国家来说具有重要的国民经济意义。工艺管道可按以下方式分类:

(1)按照配置位置分:连接各单独设备的车间内管道和在车间或工程项目之间运输产品的车间间管道;

(2)按内压值分:在绝对压力低于 980Pa 条件下工作的真空管道、在 980～9.8×10⁴Pa 条件下工作的低压管道和在 9.8×10⁴Pa 以上压力下工作的高压管道;

(3)按所输送产品的温度分:冷管道(产品温度约 45℃)和热管道(产品温度在 45℃以上);

(4)按所输送产品的腐蚀性分:无腐蚀性或引起管壁腐蚀即小于 0.1mm/a 的小腐蚀性管道,管壁腐蚀即小于 0.5mm/a 的中腐蚀性管道和管壁腐蚀即大于 0.5mm/a 的高腐蚀性管道;

(5)按所采用的材料分:金属管道(碳素钢、合金钢、有色金属及其合金、各种不同牌号的铸铁)、带内衬层(橡胶、聚合物、陶瓷、玻璃纤维增强材料、双金属)的金属管道和非金属管道(聚乙烯管道、聚氯乙烯管道、聚丙烯管道、氟塑料管道、瓷制管道、石墨管道和陶瓷管道)。

在火箭和航空技术装备中,采用导管对于下列过程具有特殊意义。

(1)将燃料从燃料箱供到发动机(液体火箭发动机、固体火发动机、核能火箭发动机)。

(2)控制各个系统和火箭发动机喷管。

(3)将燃料从燃料箱供到飞机发动机。

(4)供给控制飞机各系统所用的液压油。

(5)将氧气和其它液体物质供到航天站。

从 2005 年起,许多国外企业和俄罗斯企业就开始研究能符合在腐蚀介质中使用的管道工艺要求的新材料,而且其中所使用的一种材料是碳石墨材料,这种材料的特点是高温条件下强度高、化学惰性和密度小。同时,碳石墨材料有一系列限制其使用的缺陷,即耐热强度不足、抗热冲击性和抗冲击载荷性不足、脆性。这些缺陷可通过制备碳纤维增强件和多晶碳形式的体积各向同性基体的复合材料途径来消除,这种复合材料被称为碳/碳复合材料。

解决这些问题的关键要素是,制备能以最佳方式将低透气性和在 90% 的酸作用下保障结构工作能力的高耐腐蚀介质(酸)作用性结合起来,同时在最小生产消耗条件下,能保障复合材料具有高且稳定力学性能的新型复合材料。

到目前为止,碳/碳复合材料对于在化工领域中制作和使用输送腐蚀介质的管道来说是最有前景的。然而,这些材料的潜在能力还远未完结,特别涉及的是增强材料的化学稳定性和强度。这些材料可具有宽的化学稳定性范围和力学强度范围。合理选择这些性能的组合不仅打开了从质量上提高密封性和化学稳定性的可能性,而且还为技术装备中新方向的发展创造了先决条件。

选择在技术装备中新方向发展的研究方法应解决两个问题。碳/碳和碳/碳-碳化硅复合材料的制备工艺是一个复合材料初始成分发生不同结构变化和相变化的多阶段过程。因此，第一个问题就是要研究材料在其不同制备阶段的性能。

第二个问题是客观评定成品材料的性能并按复合材料的性能对其具体的应用领域严格划分不同牌号。在这种情况下，研究的一定困难原因是，以前实际所用来研究复合材料性能的所有方法由两个组分——聚合物基体和纤维填料所决定，而现在研究由一系列性能相当接近的两种或三种组分(碳基体和碳纤维填料)组成的碳/碳和碳/碳-碳化硅复合材料就会有很大困难。

用某种通用仪器或通用方法研究碳/碳和碳/碳-碳化硅体系复合材料的复杂多组分结构是不大可靠的，因为这类结构具有多参数特性，也就是说，这类结构的特点是许多参数同时发生变化。使用建立在将几种对所检验材料不同参数敏感的研究方法的可能性结合基础之上的综合方法是比较有前景的。如果采用其中每一种方法的特点是对材料其中任何一种参数变化敏感性都高的方法，那么，使用这种方法就会达到最大效果。

2.2 碳/碳和碳/碳-碳化硅体系复合材料的黏胶丝碳纤维和黏胶丝碳布的性能

碳纤维是由直径为 $3\sim15\mu m$，主要由碳原子形成的细丝构成的材料。碳原子被组合成相互平行对齐的显微晶体。晶体的对齐赋予纤维大的抗拉强度。碳纤维的特点是张力大、密度低、温度膨胀系数低、具有化学惰性。碳纤维(准确地说是丝)的最初制备和作为电灯的灯丝应用是著名美国发明家托马斯·爱迪生在 1880 年建议并取得专利的。这些纤维由棉纤维或黏胶纤维热解制备而成，特点是脆性、气孔率高，后来就被钨丝所取代。在随后 20 年间他建议制备了各种不同天然纤维基的碳纤维和石墨化纤维。

对碳纤维的兴趣再次出现是在 20 世纪中期，当时在寻找适用于作为制作火箭发动机复合材料组分的材料。就性能而言，碳纤维是最适合这种用途增强材料的其中一种，因为碳纤维的耐热性高、绝热性能好、耐气体和液体介质作用腐蚀、比强度和比刚度高。

1958 年，美国用天然纤维素制备了黏胶丝基碳纤维。在制备新一代碳纤维时，采用了对水解纤维素纤维分级高温处理($900\,℃$，$2\,500\,℃$)，这就有可能达到 $330\sim1\,030MPa$ 的抗拉强度极限值和 $40GPa$ 的弹性模量值。稍晚些时候(1960 年)，美国提出了强度为 $20GPa$ 和弹性模量为 $690GPa$ 的短单晶石墨纤维("晶须")生产工艺。"晶须"是在 $3\,600℃$ 温度和 $0.27MPa$ (2.7atm)条件下用电弧培养而成的。许多年来，完善这个工艺花费了许多时间和注意力，但是，目前这个工艺由于比碳纤维的其它制备方法成本高而很少采用。

制备水解纤维素和黏胶丝碳纤维的原料是纤维素。纤维素(法语为 celluose，拉丁语为 cellula，字面意思是小室，在这里是指细胞)，通式为 $[C_6H_7O_2(OH)_3]_n$ 的多聚糖-线性(1→4)-

β-葡聚糖(聚$(1 \rightarrow 4)$-β-D-葡吡喃糖基-D-吡喃葡糖)。最普及的双聚合物中的一种是包含在植物和微生物细胞壁(名称由此得到)组成中(由于分解纤维素的纤维素酶,其中某些植物和微生物以及个别种类的无脊椎动物——软体虫、木蠹蛾就都可消化细胞)。世界每年的增长量为 $10^4 \sim 10^5$ t。棉花籽纤维中的纤维素的质量分数为 $95\% \sim 98\%$、韧皮纤维中的纤维素质量分数 $60\% \sim 85\%$、木质组织中的纤维素质量分数为 $40\% \sim 44\%$、低等植物中的纤维素质量分数为 $10\% \sim 25\%$。

纤维素的结构。纤维素大分子的基本链环处在赤道配置 OH 和 CH_2OH 基团的椅式构象中。

水解纤维素是一种纤维素结构变体,具有与天然纤维素相同的化学成分,但其性能与天然纤维素不同。水解纤维素是由天然纤维素用机械磨碎纤维素,并在用浓度为 $17\% \sim 35\%$ 的碱溶液对纤维素处理后随后由溶液沉积制备而成的。随后的工艺工序是分解所生成的碱性纤维素接着对纤维素脂化和对复合醚皂化。在生成纤维素时,分子间键就发生松弛,因而天然纤维素的性能也就发生变化。与天然纤维素不同,水解纤维素拥有较高的吸湿性、较高的着色能力、可溶性和反应能力。纤维素变水解纤维素是制备黏胶纤维和铜氨纤维的阶段之一。为了制备黏胶纤维(黏胶从拉丁语 viscum 胶翻译而来),在氢氧化钠(NaOH)稀释溶液中用浓黄原酸钠溶液进行附加处理。木质纤维素(生产黏胶丝所用的初始原料)含有 $95\% \sim 99\%$ 的高分子化合物、聚合度为 $800 \sim 1~000$ 的成纤馏分。

黏胶丝布较之真丝厚实、发硬。黏胶丝布因丝的厚度而组织表现较明显。黏胶丝易皱褶,趋于收缩。黏胶丝布的缺陷是布块和碎片的切边脱散性高。

黏胶纤维的制备工艺耗料、耗能且对生态环境相当有害。对于碳化的黏胶丝前体基纤维来说,碳形式的纤维率为 $25\% \sim 35\%$,对于石墨化的黏胶丝前体基纤维来说,纤维率为 $23\% \sim 30\%$。在全制备周期后碳形式的纤维率约为 15%。

使用纤维素制备纤维的新方向是 Lyocell 纤维的制备工艺。Lyocell 纤维(按照该工艺生产各种不同商业牌号的纤维,见表 2.3)是借助 N-甲基对氧氮己环-N-氧化物有机溶剂用桉树木纤维素所生产的人造纤维。Lyocell 纤维的生产实际上是无废料的、不会给环境带来危害的,而且纤维本身是生态纯净的并不会引起过敏的纤维。

1987(1988)年首次在英国 Courtaulds Fibres UK 的 S25 试制厂生产出了 $Lyocell^{O,R}$ 纤维;而在 1991 年,Lyocell 纤维作为黏胶丝的一种品种就被提供给了消费者;1997 年,生产 Lyocell 纤维的工厂开工了;1998 年,Hefel Textil AG 公司首次向世界市场提供了 Micro - Lyocell 产品。

Lyocell 纤维具有以下各种不同的商业用途。

(1)在美国,从 1993 年起 Lenzing Inc 公司生产 Tencel 商业牌号的 Lyocell 纤维;

(2)在俄罗斯,俄罗斯联邦全苏人造聚合纤维科学研究所(梅基希市)生产奥尔采尔牌号的 Lyocell 纤维。

现在,这种纤维生产能力最大的制造商是 Lenzing Inc 公司(美国)。Lyocell 纤维是使用性能最高的纤维素纤维,该纤维具有大的创新潜力——给纺织制造商提供了研制触摸和目视都与真丝、毛或棉花一致的变体可能性。

我们认为 Lyocell 布对天然纤维有很大的竞争。有时,用 100% 的 Lyocell 制备丝,但这是很昂贵的材料,在生产时,通常以不同的组成使用 Lyocell,例如,水解纤维加弹性剂、水解纤维加模态剂和弹性剂。

Lyocell 是表面光滑的生态纯净和无杀虫剂的纤维。由于特有的杀菌性能,Lyocell 保障卫生,限制细菌数量的增长。所有这一切对皮肤过敏的人来说都是很有利的,并不会引起过敏。不管是干纤维还是湿纤维都具有高的抗断强度。湿 Lyocell 纤维比黏胶丝结实两倍,比棉花强度大。

Lyocell 具有很好的弹性和弹力,它比棉花弹性大,同时起皱性低。

在表 2.3 中列出了按照不同工艺制备的黏胶纤维物理力学性能比较。

表 2.3　按不同制备工艺制备的黏胶纤维的物理力学性能比较

性能＼产品	Tencel－甲基对氧氮己环氧化物过程,英国 Courtaulds 公司	Lyocel－甲基对氧氮己环氧化物过程,奥地利 Lenzing 公司	Niucell－甲基对氧氮己环氧化物过程,德国 AkzoNobel 公司(从 1999 年起与 Courtaulds 联合,成立 Acodis Fiber,与 Lenzing 联合并建立 NewCO)	Orcel－甲基对氧氮己环氧化物过程,俄罗斯联邦全苏聚合纤维科学研究所,梅基希市	Alceru－甲基对氧氮己环氧化物过程,德国 TITP 公司,与 LyrgiZimmer 联合并组成 Acodis Fiber	棉花	黏胶丝－黏胶丝过程:制备碱纤维素,黄原酸盐合成,溶解黄原酸盐,黏胶丝成形准备
原料	木质纤维素(无另外数据)	木质纤维素(无另外数据)	木质纤维素(无另外数据)	木质纤维素(无另外数据)	木质纤维素(无另外数据)		木质纤维素,含 95%～99% 聚合度为 800～1 100 的高分子成纤级分
单丝线密度/dtex(1dtex＝tex/10＝1g/10km)	1.5	1.63	1.55/1.1～2.2	2.45/1.8～3.1	1.5	1.0	3.05/1.1～5.0 高模量 2.2/1.3～3.1

续表

商标/性能	Tencel-甲基对氧氮己环氧化物过程,英国Courtaulds公司	Lyocel-甲基对氧氮己环氧化物过程,奥地利Lenzing公司	Niucell-甲基对氧氮己环氧化物过程,德国AkzoNobel公司（从1999年起与Courtaulds联合,成立Acodis Fiber,与Lenzing联合并建立NewCO）	Orcel-甲基对氧氮己环氧化物过程,俄罗斯联邦全苏聚合纤维科学研究所,梅基希市	Alceru-甲基对氧氮己环氧化物过程,德国TITP公司,与LyrgiZimmer联合并组成Acodis Fiber	棉花	黏胶丝-黏胶丝过程:制备碱纤维素,黄原酸盐合成,溶解黄原酸盐,黏胶丝成形准备
标准的纤维强度/(cN·tex^{-1})	37.5/33～42	37.5/33～42	37.0/34～40	40.0/35～45	42.5/40～45	23.95/22～25.9	30/15～45 高模量31.0/30～32
湿态纤维的强度/(cN·tex^{-1})	34.0/30～38	36.0/34～38	24.5/22～27	37.5/33～42	36.5/35～38	31.6/31.6	18.25/8.5～28 高模量19/18～20
标准的纤维延伸率/(%)	15.0/14～16	15.0/14～16	9/6～12	13/12～14	11/11	8.0/7～9	18.0/10～26 高模量20.0/18～22
湿纤维的强度延伸率/(%)	17.0/16～18	17.0/16～18	11.0/8～14	16.0/14～18	13.5/12～15	13.0/12～14	20.0/12～28 高模量22.0/20～24
湿态弹性模量/(cN·tex^{-1})	260	270		240～440	289	50	135.0/20～250 高模量82.5/75～90
吸湿性/(%)	65		60～70	60～70	90		在水中的溶胀,% 按质量92.5/65～120 高模量75.0/70～80
收缩率/(%)			1～2	1～2	2		

注:分子为所测数据的计算平均值。

欧洲最大的生产商斯维特洛戈尔斯克化学纤维开放型股份公司的黏胶丝碳纤维性能在表

2.4 和表 2.5 中列出。

表 2.4　斯维特洛戈尔斯克化学纤维开放型股份公司黏胶丝碳纤维的性能

含碳质量分数/(%)	99~99.9
单纤维抗断强度/GPa	0.5~1.2
弹性模量/GPa	40~100
纤维密度/(g·cm^{-3})	1.4~1.5
单纤维的直径/μm	6~10
在无氧化介质中的稳定性/℃	约 3 000
在氧化介质(空气)中的稳定性/℃	约 450
灰分质量分数/(%)	0.1~1
碳丝的线密度/tex	70~800
布、带、碳毡的宽度/cm	2~100
布的面密度/(g·m^{-2})	100~1 200
纺织材料的厚度/mm	0.15~2
碳毡的厚度/mm	3~7

表 2.5　斯维特洛戈尔斯克化学纤维开放型股份公司生产的石墨化碳纤维的化学稳定性、纺织结构和牌号

化学稳定性	在达 100℃温度下,浓酸和浓碱作用下保持物理力学性能
纺织结构	斜纹布、平纹布、缎纹布,斜纹结构带、针织坯布、碳毡、长丝
石墨化碳纤维的牌号	乌拉尔 T-P,乌拉尔 T-1,乌拉尔 T-2,乌拉尔 TM-4,乌拉尔 ЛО,乌拉尔 TP3/2,乌拉尔 ЛТ-1,乌拉尔 ЛТ-2,乌拉尔-H,Karbopon-22

斯维特洛戈尔斯克化学纤维开放型股份公司生产的活性碳纤维性能在表 2.6 列出。

表 2.6　斯维特洛戈尔斯克化学纤维开放型股份公司生产的活性黏胶丝碳纤维的性能

单纤维的直径/μm	6~10
比表面积/(m^2·g^{-1})	700~2 000
吸附气孔体积/(cm^3·g^{-1})	0.3~0.9
比电阻/(Ω·cm)	0.02~2
布、带的厚度/mm	0.15~1.4
非织物材料的厚度/mm	1.5~3
宽度/mm	2~90
透气性/[dm^3·(m^2·s)$^{-1}$]	70~500
活性碳纤维的牌号	布索菲特 T-1,布索菲特-T,布索菲特 TM-4,АУТ-М,АУТ-МИ,Karbopon-活性,САУТ-1С

　　用黏胶丝碳纤维制作的碳布拥有高强度和决定其广泛用来制备碳/碳和碳/碳-碳化硅体系复合材料的其它性能。

　　结构石墨和乌拉尔碳布基碳/碳复合材料的物理力学性能比较在表 2.7 列出。

表 2.7　结构石墨和乌拉尔碳布基碳/碳复合材料的物理力学性能比较

性能		材料牌号			
		ГМЗ	МГ - ОСЧ	ГСП	乌拉尔布基碳/碳复合材料*
密度/$(g \cdot cm^{-3})$		1.6～1.7	1.55～1.60	1.8～1.9	1.4～1.5
在 20℃下的强度极限/MPa	抗压强度极限	50～70	60～100	160～400	150～400
	抗弯强度极限	20～40	30～70	30～70	100～160
	抗拉强度极限	15～25	20～30	25～35	50～120
导热系数/$[W \cdot (m \cdot K)^{-1}]$	在 20℃条件下	80～120	90～130	10～80	5～7
	在 500℃条件下	50～60	70～75	10～60	7～11
	在 1 000℃条件下	40～45	50～55	15～60	10～15
线膨胀系数 $\alpha / (10^{-6} K^{-1})$	在 20～1 000℃条件下	6～7	7～8	4～5	3～4
	在 20～1 500℃条件下	7～8	8～9	4.5～5.5	3.5～4.5
开口的气孔率 η /(%)		21～25	26	6～8	4～7

* 所列的性能为沿着布层的性能。

　　斯维特洛戈尔斯克化学纤维开放型股份公司生产的制备碳/碳和碳/碳-碳化硅体系复合材料所用的黏胶丝碳布的基本性能在表 2.8 列出。

表 2.8　制备碳/碳和碳/碳-碳化硅体系复合材料所用的黏胶丝碳布基本性能

布的种类		TM - 4	T - P	T - 2	T - 8C	T - 1	T - 0.5
5cm 布长的丝数量	经向	195	98	98	140	98	110
	纬向	120	70	65	100	70	80
面密度/$(g \cdot m^2)$		1 100±100	335±30	300±30	290±30	170±20	120±20
宽度/cm		50±5	50±5	42±4	50±5	50±5	50±5
厚度/mm		1.7～1.9	0.45～0.65	0.40～0.60	0.33	0.25～0.35	0.14～0.20
断裂载荷/$[N \cdot (5cm)^{-1}]$	经向	2 940	981	900	900	750	500
	纬向	686	343	300	300	250	700
灰分的质量分数(最大)/(%)		0.5	0.5	0.5	0.5	0.5	0.5
比表面电阻(不大于)/Ω		0.3	0.5	0.5	0.5	1.0	1.5
湿度(不超过)/(%)		1.0	1.0	1.0	1.0	1.0	1.0

在瑞典举行的题为 Cellulosic Man-Made Fibers in the New Millenium(新千年人造纤维素纤维)研讨会上已经确定黏胶纤维制备工艺新的有前景方向。所举行的论坛确定了黏胶纤维和其它备择种类的水解纤维素纤维的发展前景。研讨会是由世界最大的化学公司之一——瑞典 AKZO NOBEL - Surface Chemistry AB(阿克苏·诺贝里-表面化学)主办,该公司是生产表面活性剂和纺织辅助剂(黏胶过程中的特种添加剂、乳剂、抗静电剂、润湿剂、洗涤和清洗制剂)、美容品、化妆品,各种不同种类的涂料、油漆和其它聚合物基涂层、类似用途产品的专业公司。

生产黏胶纤维的问题使许多化学纤维生产厂家和纺织工作者感到激动,因为许多年来,由于工艺过程的复杂性、解决回收化学药品和净化排放物问题的困难性,在生产黏胶纤维方面出现了某些衰退。世界 23 个国家的 120 多个专家参加了研讨会,听取了关于几个方向的 20 个报告。著名学者、教授 Wilhelm Albrecht(维利戈尔姆·阿里布列赫特)主持的传统圆桌会议综述了关于水解纤维素生产发展途径和解决由生产所引起的生态问题的各种不同意见。黏胶纤维和丝制备过程的问题是多阶段的、耗能大、耗材大(1kg 纤维需耗 1.5kg 多化学制品)的,会产生生态方面的困难。因此,在黏胶纤维制备过程发展中既出现了新的技术解决方案,也出现了生态解决方案。此外,水解纤维素新的可供选择的制备过程也正在研制。

对黏胶过程及其现代成就、人造纤维素纤维 Lyocell 和 CarbaCell 新制备工艺的比较分析表明,黏胶过程具有"生存权"并有与其它备选过程竞争的能力。在这种情况下,起巨大作用的是新一代高生产效率的设备(保障抽取混合物浓度最大的工艺液体和气体)、所有工艺流程的最佳化、成型过程的稳定性、所使用试剂的再循环程度高和采用新工艺对排放物实际完全净化。

一系列主要公司 Lenzing AG,Ing. A. Maurer s. a. ,ENKA GmbH,SNIA Engineering,Barmag AG,VUChV 和 Matador s. a. ,Acordis Ind. Fibers NV,BioWay b. v. ,全苏聚合纤维科学研究所,乌克兰纤维科学研究所和其它公司的工业生产经验在解决这些问题时具有很大意义。因此,黏胶丝短纤维和纺织纱线的制备现代工艺过程的发展就有可能利用工艺和设备、生产布局和消除生产危害性方面的新解决方案从实质上减少制备过程所固有的缺陷。因此,在先进的企业中实现了原始辅助材料的完全再循环,实际无废水和无含硫气体排放。使黏胶过程有可能依然有竞争能力的黏胶过程发展主要途径将可归结为下列几种。

(1)制备碱性纤维素和黏胶丝。

1)用电子束或酶催化处理使纤维素活化,这就有可能将二硫化碳流量减小 25%～35%并使最大质量流量最佳化;

2)采用催化剂使碱性纤维素熟化并使最大质量流量最佳化;

3)对黏胶丝碱性处理(并排出挤水用的碱液,碱液含分离出半纤维素所需的最大浓度半纤维素)、黄原酸化作用、脱泡和过滤的连续过程,设备完全密封并带计算机控制液流。

(2)在封闭程度高的现代化高生产效率设备上成形和整理。

1）采用组合喷丝板成形，以带状或主要是切断形式完全整理普通或高模量短纤维；

2）在带有垂直成对作动筒连续过程高速机上成形纺织纱线，并最后完全整理双丝或四丝。

（3）保障所有试剂最大再循环和净化排放物的综合措施在一定程度上取决于液体和气体工艺介质的工艺流的组织。

1）沉淀槽和增塑槽循环系统的优化、多外壳装置上的沉淀槽蒸发和富裕硫酸钠完全结晶；

2）沉淀槽完全脱泡并将气体送入随后处理；

3）在带有最大全逆流的现代化设备基础上优化纤维和纱的洗涤过程，以提高尾液中的组分浓度；

4）按照杂质最大浓度原则，分开排出废工艺液体；

5）不管是在生产短纤维，还是在生产纺织纱线时，分开吸除纺织整理设备的气体，并形成最大可能浓度的两股（三股）单独流。

（4）净化废水并随后使水完全返回去整理短纤维，净化包括下列工序。

1）单独初级净化杂质不同的废水，对其中和处理，其中包括投放建筑用的石膏——$CaSO_4$；

2）用 ZnO 形式的试剂方法或通过离子交换途径萃取锌并随后将其返回到过程中；

3）生物净化、沉淀和过滤水并随后使其返回到短纤维的整理过程中。

（5）采用各种不同的使有可能达到高程度回收二硫化碳并完全排除含硫气体进入大气的方法净化气体。

1）将气体催化氧化到 SO_3，得到硫酸并将其返回到过程中；

2）生物氧化并将硫酸返回到过程中；

3）用活性碳吸附并回收，随后在锅炉中补燃以及用类似中央热电站所采用的方法回收二氧化硫气体。

（6）能够减小能耗和使再循环最佳化的生产布局具有重要意义。

1）将纤维素生产与黏胶丝生产组合，并直接运送湿纤维素浆，以排除烘干过程；

2）动力装置（锅炉）、工艺气体净化系统配置尽可能在纺织整理车间附近，以便大大减小输送工艺气体的能耗。

此处所列举出的措施能够从实质上实现完全生态的安全性并保持黏胶过程的经济性。位于阿尔卑斯疗养区的 Lenzing AG 公司的企业生产占世界产量 18%～20% 的所有黏胶丝短纤维以及 Lyocell 纤维。采用上面所列举出的许多技术方案就能够从实质上完全消除黏胶丝短纤维生产的有害排放物，而且将工艺（洗涤）废水在完全净化后返回到过程中。新的前景开辟了水解纤维素纤维 Lyocell（用 N -甲基-对氧氮己环- N -氧化物直接溶解纤维素）和 CarbaCell（氨基甲酸盐纤维素基）生产工艺的进一步完善。许多公司（Lenzing AG，全苏聚合纤维科学研究所，Acordis Ind. Fibers NA，Alceru Schwarza GmbH，Lurgi-Zimmer AG，Institut Wlokien Chemycznich 等）在可供选择的水解纤维素纤维——Lyocell 和 CarbaCell 制备过程方面的生产经验和研究展示了这些工艺的前景。

Lyocell 纤维的制备过程具有大的未来发展,因为溶剂的消耗可减少到每千克纤维$0.01\sim$
$0.03kg$。但是,与黏胶纤维相比,所制备的 Lyocell 类型纤维具有自己的性能特点,即取向高
(在成形时通过空气层),因此变形性低、湿态可原纤化,这些性能就限制了纤维的使用。这就
需要对所制作的纺织布进行特殊整理的过程,目前这还限制着它们的应用。在 Lyocell 纤维
工艺进一步发展的情况下,这些特点显然将会部分或完全被消除。水解纤维素纤维的生产工
艺发展趋势,纯粹使用和与合成纤维混合使用对其所进行改性的可能性都引起了人们的特别
兴趣。在此基础上已形成了水解纤维素纤维将是日用纺织品的主要种类纤维之一的客观结
论。在纺织品用的纤维中,黏胶纤维和黏胶丝由于其极好的综合使用性能,在别无其它选择之
前,依然是最重要的人造纤维素纤维。上述公司专家指出了黏胶过程和从实质上完全消除其
危害的巨大可能性和发展前景,此外,上述公司专家还发表了关于水解纤维素纤维 Lyocell 和
限制规模的 CarbarCell 制备替代工艺并行发展合理性的共同见解。

黏胶纤维的新制备过程将对用其所制备的碳纤维和碳布性能有一定的影响。在这种情况
下,保障在黏胶纤维和黏胶布处理成碳纤维和碳布所有阶段上较高成碳率的黏胶纤维性能将
具有最重要的作用。

2.3 碳/碳和碳/碳-碳化硅体系复合材料所用的聚丙烯腈聚合物基碳纤维和碳布

除黏胶丝前体外,制备碳纤维所用的前体还有聚合纤维。工业规模所生产的碳纤维制备
工艺和性能,其中也包括高质量碳纤维的制备工艺和性能都取决于聚合纤维前体的初始性能。
按照热处理制度,碳纤维被分为碳化的碳纤维和石墨化的碳纤维。由于它们晶形状态的差异,
将第一种碳纤维称为碳化或含碳的碳纤维,将第二种碳纤维称为石墨碳纤维。按照物理性能,
碳纤维被分为高质量碳纤维和低质量(低等级)碳纤维。属于高质量碳纤维的有以下两种。

(1)高强碳纤维、高模量石墨纤维、强度高和延伸率高的聚丙烯腈基碳纤维;

(2)液晶(中间相)沥青基高模量石墨纤维。

属于低等级纤维或一般用途纤维的有以下两种。

(1)低石墨化碳纤维、石墨纤维和(聚丙烯腈基)材料;

(2)低石墨化碳纤维、石墨纤维和材料。

对于聚丙烯腈前体基碳化的纤维来说,成碳率为$52\%\sim55\%$,对于聚丙烯腈前体基石墨
化的纤维来说,成碳率为$60\%\sim65\%$。全制作周期的总成碳率达35%。Toray Group, Toho
Tenax Co. Ltd, Zoltek Group 和 Mitsubishi Rayon Co. 生产碳纤维的现代制备工艺成碳率为
40%以上。

在下面的叙述中,所制备的所有种类碳纤维将用"碳纤维"术语称谓。

对于批量生产来说,很有前景的是沥青基碳纤维,而且普通沥青基的纤维是低等级和各向同性纤维,而液晶沥青基纤维是高质量和各向异性的纤维。

聚丙烯腈基碳纤维与沥青基碳纤维之间在结构和力学性能上有实质的差异,因此,下面将专门说明制备碳纤维的基体。也应当指出,在高质量(高强度和高模量)碳纤维中存在强度和弹性模量有差异的各种类型纤维。制造公司赋予这类纤维不同的牌号。高质量纤维可制作成丝形式或由 1 000,3 000,6 000,10 000 根和大数量的连续单纤维组成的束丝形式。此外,可用这些纤维生产布以及更多数量单纤维组成的束丝。在使用碳纤维来增强材料时,应对纤维表面进行处理,以便提高纤维与基体的相互作用。为实现此目的,同时为了提高纱、束丝的工艺性能和碳纤维增强材料的使用性能,对纤维表面进行上浆或上浆整理。为了增强热塑性基体,使用尺寸为几毫米到 $1 \sim 2$cm 的短切纤维。普通沥青基碳纤维是由许多长度约为 $20 \sim 30$cm、直径为 1μm 到几微米的单纤维束或形成纤维杂乱排列的棉席。

近来,出现了相当多的连续碳纤维增强的热塑性材料。按照生产碳纤维的原料类型、碳纤维的热处理制度和条件,碳纤维具有不同的强度、不同的弹性模量和其它性能。考虑到性能不同的碳纤维相当大的多样性,建议用字母 U,X,Y,V 表示碳纤维相应的热处理制度,原材料的类型,强度和弹性模量。字母 U(有时可用 C 或 G 取代 U)表示石墨化度(根据热处理制度),而符号 C 相对应的是碳纤维,G 对应的是石墨碳纤维。字母 X 表征抗拉强度(MPa),它分为 1 500 个单位。字母 Y 表征拉伸弹性模量(GPa),它分为 150 个单位。而字母 V 表征制备碳纤维的原材料类型:代号 R 对应的是黏胶丝,A 对应的是聚丙烯腈,P 对应的是沥青。

碳纤维是用聚丙烯腈纤维、液晶沥青纤维和普通沥青纤维制备的。在生产过程中,首先制备原始纤维,然后将原始纤维在空气介质中加热到 $200 \sim 300$℃的温度。对于聚丙烯腈纤维来说,这个过程被称为预处理或防火处理;而对于沥青纤维来说,这个过程被称为抗熔性处理。在这个过程中会发生碳纤维部分氧化。然后,将所氧化的纤维进行高温加热。根据制度所决定的加热过程可使纤维碳化或石墨化。在过程的最后阶段,对碳化纤维或石墨化纤维表面进行处理,此后对表面进行上浆整理或上浆。

在空气介质中氧化时,由于部分脱氢或氧化、分子间交联和其它过程就会使纤维具有耐火性,同时还会提高纤维在加热时的耐熔化性并阻止过多除去碳原子。在碳化过程中,随着温度的增大,就会发生气化和除去有机聚合物的所有原子,碳原子除外。所生成的碳纤维由具有六角形蜂窝结构的聚环状芳族分子链段构成。在气化过程中芳族链段聚集,同时提高了纤维的弹性模量和导电性。

在预处理阶段,在 $200 \sim 300$℃温度条件下,在空气介质中对聚丙烯腈纤维加热(此后纤维就变成黑色),然后,在 $1\,000 \sim 1\,500$℃温度条件下,在氮气介质中对这些纤维进行碳化。制备高强度和高延伸率碳纤维的最佳温度为 $1\,200 \sim 1\,400$℃。高模量碳纤维是在较高温度——$2\,500$℃左右的条件下制备的。在预处理过程中,聚丙烯腈纤维被氧化并获得梯状结构。梯状结构是由于在碳化过程分子内缩合而产生的,同时生成多环芳族化学化合物。环状结构的分数随着温度的增大而增大。在已经过所有温度处理阶段的纤维中,分子或芳族链段要排列得使分子或环状结构的主轴与纤维轴平行。在加热过程中,会形成纤维张力,因此纤维的取向度就不会降低。在纤维的预处理阶段保持纤维的张力是最重要的。

原始聚丙烯腈纤维通常含有百分之几的接枝单体。聚丙烯腈纤维的热分解特性视接枝单体的含量而变化。杂质的存在会导致,在纤维的预处理阶段梯状结构形成缓慢或交联分子结构形成速度减小。因此,碳纤维的耐火性取决于原始聚丙烯腈纤维中的接枝单体含量。当然,必须针对每一类型的聚丙烯腈纤维选择合适的预处理条件,这势必会有一定的困难,因为热处理对碳纤维的抗拉强度和其它性能有影响。因此,在每一单独情况下,碳纤维的制造公司都使用相应的聚丙烯腈纤维。

碳纤维的弹性模量随着处理温度的增大而增大。抗拉强度随着碳化阶段温度的增大而增大,并在石墨化阶段降低。碳化过程中性能的提高是与构成碳纤维的芳构链段的增长、这些链段相互交联过程、取向度的提高、纤维组织的复杂化和其它因素相关的。在温度进一步升高的过程中,由于无机杂质粒子与碳反应析出气体所引起的气孔形成就会导致强度降低。

液晶沥青基碳纤维是用石油沥青制备而成的。如果将这种沥青在350~400℃温度下长时间置放,那么,组成沥青的多环芳族分子就会发生缩合反应,它们的相对分子质量增大,分子随后结合导致生成球晶。在进一步加热的情况下,相对分子质量就会增大,球晶增长,形成连续液晶相。液晶通常在氮杂萘和氮杂苯中是不溶解的,但也可以制备在氮杂萘中溶解的液晶。含55%~65%液晶的液晶沥青基纤维的特点是塑性流动,在350~400℃熔化温度条件下进行纺丝。如果开始在200~350℃温度条件下的空气介质中将液晶沥青基纤维加热,然后在惰性气氛中加热,那么,就会生成高取向度结构的碳纤维。THORNEL P‐55牌号碳纤维的加热温度为2 000℃左右。弹性模量较高的纤维是在更高温度条件下制备的。相当大数量的科学论著都写了关于利用石油和煤作为原料来生产碳纤维所用的液晶沥青。比如,引人注目的是利用氢化阶段的过程。例如,通过在四氢化喹啉参与下对煤沥青和萘树脂在380~500℃温度下进行氢化,同时用过滤和离心除去固体杂质并回收四氢化喹啉就可制备纤维。然后,通过升温对沥青进行稠化。此外,利用氢化的芳香碳氢化合物对石油沥青氢化的方法是众所周知的。在液晶沥青基碳纤维横切面上芳族链段网络构成的表面取向出现某一变化时,表面取向就具有了中心发散射束的传统辐射结构形式。在热处理过程中,纺丝方向中纤维会部分断裂,这就表现在纤维横截面上出现楔形空间。这个过程影响着碳纤维的力学性能,因此,必须控制这个过程,例如,可根据沥青的类型改变纺丝的温度。液晶沥青基纤维是非常脆的,需要谨慎使用,因此,为了用其生产连续碳纤维,就需要专门的工艺。

在升高加热温度时,纤维强度的变化类似于聚丙烯腈基碳纤维所发生的变化,但是,最大强度值是在较高温度条件下出现的。沥青纤维的抗拉强度也与聚丙烯腈基纤维一样,过分地取决于缺陷的存在。因此,必须有效地阻止缺陷的形成。在纺液晶沥青沥青纤维丝时,纤维彼此之间很容易黏合。为了防止这个过程,必须采用专用技术装备。

普通沥青基纤维也是用石油沥青熔体纺丝制备的,但是在另一种条件下。纺丝的温度根据沥青的软化点选择,在沥青温度熔化温度为 200℃时,纺丝在 250℃左右温度条件下进行。在纺丝过程中,利用离心力由喷嘴成型长度为 20～30cm 的短沥青纤维丝。为了使沥青纤维具有不熔化性,将其置放在 200～350℃温度下的空气介质中,而且加热应在低于软化点的温度下开始,然后逐渐升温。最后将这种方式处理的纤维在大约 1 000℃或 2 000℃温度下的惰性气氛中加热。应当指出,沥青纤维也可用煤沥青制备。用于增强材料的纤维表面处理。

为了使碳纤维增强的塑料,也就是说碳纤维增强材料具有高力学性能,必须保障碳纤维与聚合物基体之间的黏合连接强度,这个强度要足以将应力从纤维传递到纤维。然而,在碳化和石墨化过程所形成的碳纤维表面特点是聚合物基体对表面黏附力小,因而,当使用碳纤维来增强材料时,必须对碳纤维表面进行处理,以便提高黏附力。表面处理通常是对纤维表面进行不会降低纤维强度性能的弱氧化。例如,氧化用电解方法在液体中进行。

碳纤维-聚合物基体界面上的黏附力取决于下列因素。

(1)由于聚合物渗透到纤维粗糙表面而产生的力学键合;

(2)碳纤维表面与聚合物基体之间的化学键;

(3)物理键合(范德瓦尔斯假定力场)。

其中,主要因素是第(1)和第(2)因素。碳纤维-聚合物基体体系中化学键的形成取决于碳纤维表面上的化学活性官能团。这些官能团与相邻的芳族链段碳原子结合在一起。碳纤维与聚合物基体之间的化学键随着这类碳原子数的增大而增强。在对表面处理的实际情况中,酸性官能团数增大,碳纤维增强材料层间剪切强度相应提高。在使用高模量碳纤维的情况下,由于这种类型碳纤维表面的粗糙度,纤维-聚合物基体界面的黏附力主要取决于力学键合。

纤维的液体硅防护问题在制备碳/碳-碳化硅体系的复合材料时具有重要的意义,这个问题解决不好就会大大降低整体复合材料的性能。

在用金属增强时,对纤维表面的处理具有独特的特点。为了将碳纤维和其它纤维采用到金属中,通常使用将金属熔体涂在纤维表面的方法。然而,用铝和其它金属液体合金不好浸润碳纤维,因此,必须改善纤维的浸润性。用化学气相沉积方法涂在碳纤维表面的 TiB 薄膜用于此目的。借助这个方法将薄膜涂在碳纤维表面,在 700℃温度条件下用 Zn 蒸气还原 TiC＋BCl_3 混合气体。不允许其与空气接触,将所制备的纤维马上用熔化金属包覆。比如,美国就用这种方式生产金属丝(丝状铝)。

为了用熔化铝改善碳纤维的浸润性,研制出了用 Na,Sn－2‰Mg 和铝合金溶体连续处理纤维表面的方法。除了改善纤维浸润性外,在用碳纤维增强铝和镁合金时,必须预防在与熔融金属接触时可能出现的纤维强度降低。为了解决这个问题,还需要进一步研究,这些研究最好能给出与熔融金属接触时保持碳纤维强度的实际建议。

碳纤维非常脆且在再处理时容易损伤和断裂,为了防止这种现象所引起的性能降低,对丝和束丝进行上浆,力图在单纤维(单丝)上形成上浆涂层。同时,浆料应处在足够软化的状态。上浆剂可改善聚合物基体对碳纤维的黏附性,这样不用附加处理就能采用这种纤维来增强材料。

碳纤维的物理力学性能是密度低、抗拉强度高、弹性模量高。因此,碳纤维就具有高强度和高比弹性模量。碳纤维最独特的特点是比弹性模量高,借此这就可成功地将碳纤维用来增强结构用途的材料。碳纤维也具有低摩擦因数、高导电性和负的(纤维径向)热膨胀系数。碳纤维在空气介质中不抗氧化,在与酸和碱水溶液接触时,碳纤维会发生电化学氧化。然而,除表面氧化的情形外,碳纤维具有高的耐酸和耐碱作用化学性能。此外,碳纤维具有很高的耐热性。

纤维的纵向抗拉弹性模量(杨氏模量)。(聚丙烯腈基)高强类型的高质量碳纤维抗拉弹性模量为 $200 \sim 250GPa$,(聚丙烯腈基)高模量类型的高质量碳纤维抗拉弹性模量为 $400GPa$ 左右,而液晶沥青基碳纤维的抗拉弹性模量为 $400 \sim 700GPa$。高质量的碳纤维由原子面与纤维轴平行取向的几层芳族六角形晶胞构成。在加热温度高的情况下,这些平面的扩展相当大,并且取向度高。在碳纤维的横截面中,原子面无序排列,而结构一般类似于球结构,也就是说,在体积内重复外层的结构。辐射状结构是液晶沥青基纤维特有的。任何碳纤维的外表面始终是由网状平面所形成的。

碳纤维的抗拉弹性模量可根据原子平面方向中的石墨晶体抗拉弹性模量的估算计算,并考虑用 X 射线结构分析方法所测定的碳纤维原子平面的取向度。碳纤维的弹性模量随着原子平面取向度的增大也相应增大。原子平面方向中的石墨抗拉弹性模量理论值为 $1020GPa$,而 THORNEL P-100 牌号纤维试验测定的弹性模量值等于 $690GPa$,也就是说为理论值的 68%。在相同的加热温度条件下,液晶沥青基碳纤维具有比聚丙烯腈基纤维高的抗拉弹性模量。

纤维的横向抗拉弹性模量随着纤维的纵向弹性模量的增大而减小。对于聚丙烯腈基碳纤维来说,纤维的横向抗拉弹性模量比液晶沥青基纤维的横向抗拉弹性模量高。碳纤维截面中的原子平面取向对横向弹性模量也有影响。

聚丙烯腈基高强碳纤维的轴向抗拉强度为 $3.0 \sim 3.5GPa$,高延伸率的碳纤维轴向抗拉强度为 $2.5 \sim 4.5GPa$,高模量碳纤维的轴向抗拉强度为 $2.0 \sim 4.0GPa$。对第二种碳纤维进行高温处理就能得到抗拉强度大约为 $3GPa$ 的高模量碳纤维。液晶沥青基碳纤维的强度通常都等于 $2.0GPa$。

晶格原子平面方向中的石墨晶体抗拉强度理论值为 $180GPa$。如果根据石墨晶体抗拉弹性模量理论值,假定强度为 $1/10$ 的弹性模量值,那么,强度应等于 $100GPa$。石墨丝状单晶体的抗拉强度试验值仅稍微超过 $20GPa$。碳纤维的强度取决于碳纤维的生产条件和显微缺陷,并具有一定的分布规律。如果利用韦布尔分布测定碳纤维的平均强度并建立强度与所测试件长度的关系曲线,那么,用忽略独特缺陷存在的方法就可较具体地说明碳纤维的强度。在长度为 0.1mm 的线段上,用这种方式所测量出的聚丙烯腈基高强和高模量类型碳纤维的抗拉强度等于 9～10GPa。这个值是理论值的 1/20,是石墨丝状单晶体强度的 1/2。用类似方式所测量出的液晶沥青基碳纤维的强度等于 7GPa。工业生产的碳纤维强度较小的原因是,它们不是单晶体,并在它们的微观结构中有序性偏差相当大。可将碳纤维的性能大大提高到断裂延伸率 2% 和强度 5GPa 以上。

工业生产的碳纤维抗拉强度用下述方法预浸和固化的纤维束试件测量。为了查明纤维束强度与单根纤维强度之间的一致性,必须注意强度值的分布特性。例如,用这种方法所测量的浸渍环氧树脂的聚丙烯腈基高强碳纤维束强度与长度为 0.6mm 的“干”单纤维束强度一致。

用沿纤维轴压缩碳纤维增强材料来测定碳纤维压缩到单碳纤维断裂的强度和变形。在这种情况下,利用抗拉弹性模量值来计算纤维的抗压强度。碳纤维增强材料中的碳纤维抗压强度与碳纤维的抗拉弹性模量的关系曲线带有极值曲线特性,开始强度增大,而在碳纤维弹性模量进一步增大时,所计算的碳纤维抗压强度就会降低。

在对聚合物基纤维加热时,聚合物基纤维就会碳化,多环芳族链段形成并增大,因而碳化的纤维就变成半导体。随着加热温度的增大,碳化纤维的电阻就减小。但是,在超过 1 000℃ 温度时,电阻的减小就变得缓慢,大致达到 1 600℃ 温度时,液晶沥青基碳纤维和聚丙烯腈基碳纤维的电阻与加热温度的关系曲线重合。在温度进一步增大时,第一种类型纤维的电阻就变得比第二种类型纤维的电阻小。

表面未处理的高强和高模量碳纤维具有 0.5m²/g 的比表面。处理后,比表面有些增大。按照氧的化学吸附原理测定芳族链段相邻原子所占的活性表面。在对表面处理时,活性表面会增大。随着加热温度的降低,活性表面也会增大。碳纤维的外层具有很强的导流性。碳纤维整体具有很低的吸湿性。

在空气介质中对碳纤维加热时,碳纤维被氧化。通常,随着加热温度的升高和石墨化度的增大,纤维表面的氧化能力降低。碳纤维表面的属性决定着碳化后和热处理后碳/碳复合材料气孔结构的特性。表面性能的形成对按照浸渍有机硅黏合剂工艺制备碳纤维来说具有特别的意义。

为了测量碳纤维的抗拉强度、拉伸弹性模量、密度和线密度,采用日本工业标准 JIS7601 中所阐述的试验方法。按照液体排出方法或毛细管中密度梯度测定方法测量密度。抗拉强度和拉伸弹性模量用预先浸渍黏合剂并固化的单纤维试样和纤维束试样测量。后者(纤维束方式)在对碳纤维增强材料中所使用的碳纤维进行拉伸试验时是很有效的。用这个方法既可测量工业生产的碳纤维抗拉强度,也可测量抗拉伸弹性模量。通过 JIS7601 标准后,碳纤维生产公司代表会谈时批准了测定碳纤维中水分含量、上浆剂黏附能力、纤维捻数、pH 值和体电阻实验方法的标准,也通过了纺织材料密度、抗拉强度和其它性能测量方法的标准。

在测量毛细管中密度梯度时,采用了液体密度与柱的高度有着线性关系的液柱。如果在这个方法中使用乙醇与三溴甲烷的混合物,那么就可测量 0.81～2.89g/cm³ 的密度。在对纤维束进行拉伸试验时，必须用聚合物（例如环氧树脂）对其浸渍，以便使束中的纤维之间没有空隙。为此，将浸渍好的纤维束通过辊子，力图保障试样中的聚合物含量最佳。

在碳纤维拉伸试验中，必须选择固定纤维束的方式、纤维束夹具的结构和放置在纤维束与夹具金属表面之间相应的减震材料。采用三层铝箔对此是最有效的。然而，对于工业中试样的统计试验来说，采用这类衬垫方式是很复杂的，因此，采用硫化橡胶、棉织片、金钢砂纸和其它材料作为夹具与纤维束之间的垫片。为了夹紧试样，应采用气动夹具。根据应变曲线测定弹性模量时，也必须加入夹具装置变形性的修正系数。

现生产的聚丙烯腈基碳纤维有下列商标：美国的 Tornel 托涅尔、Tselyon 采立奥、Fortafil 福塔菲尔，英国的 Modmor 默德默尔、Grafil 戈拉菲尔，日本的 Toreika 东丽、Kureha - lon 库列哈隆、TohoTenaks 托霍杰纳克斯，俄罗斯的 BMH、УК、УК-П、Arpo-C。英国所生产的带有国家分类特点的聚丙烯腈聚合物基碳纤维性能在表 2.9 中列出。碳纤维生产主导国所生产的带有国际分类特点的碳纤维性能在表 2.10 中列出。

表 2.9 英国"戈拉菲尔"牌号聚丙烯腈聚合物基碳纤维性能

性能	测量单位	质量性能	高弹性性能	高强性能	高模量性能
断裂载荷（≥）	GPa	2.55	3.20	3.27	2.39
拉伸弹性模量	GPa	185～215	215～245	220～250	310～345
密度（≥）	g/cm³	1.82	1.82	1.76	1.87

表 2.10 不同制造商的碳纤维性能现代水平

俄罗斯和白俄罗斯生产商的牌号名称	俄罗斯和白俄罗斯生产商的牌号的性能		东丽和 Toxo Тенакс 牌号名称	东丽和 Toxo Тенакс 牌号的性能		其它生产商和米祖比什区公司牌号名称	其它生产商和米祖比什区公司牌号的性能	
	弹性模量/GPa	强度/GPa		弹性模量/GPa	强度/GPa		弹性模量/GPa	强度/GPa
聚丙烯腈基-阿尔贡 УКН/5000	210±30	≥20	(PAN)《东丽》Karbopon - 1	380～400	2.4～2.45	(PAN)英国戈拉菲儿- HM	403	2.35
УКН - П	235±30	2.8～2.0	Tormolon - S	410～420	2.7～2.8	莫德莫尔-1	270	2.82
УКН - М	225±20	3.5～3.3	Besfait HT	235～245	3.25～3.35	戈拉菲儿- HT	280	2.84
УКН - З/НШ	≥250	≥3.0	东丽 T - 300 (30～40)美元/kg	220～230	3.34～3.54	莫德莫尔一2	245～315	2.45～3.15
ГЖ	≥350	1.2～1.4	东丽 T - 300j	220～230	4.0～4.2	(PAN)美国托耳内尔-75	520	2.62
ГЖ - К	≥350	2.3～2.5	东丽 T - 400H	240～250	4.0～4.4	帕内克斯-35	240	4.14
Grapan - 27	≥270	≥2.5	东丽 T - 600S	22230	3.7～4.1	托耳内尔-800	273	5.46

续表

俄罗斯和白俄罗斯生产商的牌号名称	俄罗斯和白俄罗斯生产商的牌号的性能		东丽和 Toxo Тенакс 牌号名称	东丽和 Toxo Тенакс 牌号的性能		其它生产商和米祖比什区公司牌号名称	其它生产商和米祖比什区公司牌号的性能	
	弹性模量/GPa	强度/GPa		弹性模量/GPa	强度/GPa		弹性模量/GPa	强度/GPa
УК	≥200	≥2.0	东丽 Т-700S（70～74）美元/kg	221～230	4.5～4.9	磁铁-JM6	280	4.44
（ПАН）ЗУКМ ВМН-4МТИ	400～450	2.0～2.44	东丽 Т-700G（74～78）美元/kg	230～240	4.5～4.9	塞利昂-ST	235	4.34
ВМН-4ПКТ	100～127	≥2.85	东丽 Т-800H（90～96）美元/kg	280～294	5.1～5.5	希捷克斯-33	238	3.50
ВМН-4МТИ ВМН-4МТС	≥450	≥2.44	东丽 Т-800S（96～113）美元/kg	280～294	5.5～5.88	（PAN）佛尔莫扎塑料组 ТС-33	230	3.45
ВМН-4МТ	≥450	≥2.44	东丽 Т-800G（96～113）美元/kg	280～294	5.5～5.88	ТС-35	240	4.0
ВМН-4МИ2	≥450	≥2.44	东丽 Т-1000G约130美元/kg	≥294	6.2～6.37	ТС-36S	250	4.9
ВМН-4	≥225	≥2.83	М-35j М-40j	330～343 353～377	4.5～4.7 4.0～4.4	ТС-42	290	4.9
罗维纶	≥250	≥3.5	М-45j	417～436	3.7～4.2	（PAN）米祖比什区公司 Grafil 34-700	234	4.83
（黏胶丝）白俄罗斯斯维特洛戈尔斯克化纤厂乌拉尔-Н-70，Н-100	57～60	1.4～1.5	М-50j	465～475	4.0～4.1	Grafil34-700wd	240	4.83
乌拉尔-Н-205，НШ-215，Н-400Э	53～57	1.3～1.4	М-55j	509～539	3.6～4.0	Grafil 30	225	5.52
乌拉尔-Н-600Э，Н-800Э	50～55	1.2～1.3	М-60j	559～588	3.4～3.8	Pyrofil tr30s	234	4.41
УВЖ-К	57～60	≥0.5	М-30S	285～294	5.4～5.49	Pyrofil tr50s-6k	234	4.9

续表

俄罗斯和白俄罗斯生产商的牌号名称	俄罗斯和白俄罗斯生产商的牌号的性能		东丽和 Тохо Тенакс牌号名称	东丽和 Тохо Тенакс牌号的性能		其它生产商和米祖比什区公司牌号名称	其它生产商和米祖比什区公司牌号的性能	
	弹性模量/GPa	强度/GPa		弹性模量/GPa	强度/GPa		弹性模量/GPa	强度/GPa
УВЖ–С	50～55	≥0.35	M–40S	388～417	2.35～2.74	Pyrofil tr50s–12k	240	4.9
(黏胶丝)乌维科姆,单纤丝–H,НШ	40～150	1.2～2.0	(PAN)Тохонакс UTS50	240	4.8～5.0	Pyrofil trh50	255	4.9
(聚丙烯腈)乌维科姆			HTS–40	240	4.3	Pyrofil trh50	250	5.3
УКН–М	235	3.5～3.7	HTA–40	238	3.9	Pyrofil mr40	295	4.41
Grapan	≥280	2.7	IMS–60	270	5.5	Pyrofil mr60h	290	5.68
УК–30	≥220	2.2	UMS–40	400	4.5	Pyrofil ms40	441	3.45
			UMS–45	420	4.5	Pyrofil hr40	395	4.41
			STS–40	230	4.0	Pyrofil hs40	455	4.61

实际上,碳/碳和碳/碳-碳化硅复合材料中碳纤维的所有性能的最有效实现都是在与纤维纵轴重合方向中。在实践中,要求产品在某些方向有所需的性能水平。例如,在多方向加载条件下,使用的大多数产品都要求研制在两个以上方向性能接近的碳/碳和碳/碳-碳化硅复合材料。因此,能够解决这个问题的等强度结构碳布增强方式就得到了广泛使用。结构碳布是用高模量碳纱生产的。在结构碳布生产中采用 1K,3K,6K,12K,24K 和 48K 的纱(K——纱中单连续纤维千数,1K=1 000 根纤维)。

高模量碳化碳布的主要应用领域是用作热防护复合材料、化学稳定复合材料生产的增强层,以及用作碳纤维增强材料生产中的增强材料。

碳化碳布根据其以后的用途和应用以各种不同形式的编织制作。可分为三种类型的碳化碳布,即平纹、缎纹、粗花纹或斜纹布。

纱平纹编织(平纹组织 Plain Weave)用 1/1 描述。在平纹编织时,每一根经纱与纬纱过一编织。这种编织形式保障布的最好强度。这种类型的编织普及最广。

布的缎纹编织用 4/1 或 5/1 形式描述,即一根纬纱压四根或五根经纱。用缎纹编织方法织成的布强度最小,因此这种布织得很密实。由于缎纹编织时经纱和纬纱很少弯曲,所以这种布的表面平整、光滑。

粗花纹或斜纹编织方法。这种编织形式用 2/1,2/2,3/1,3/2 形式描述,即经纱数量 2 或 3 被纬纱数 1 或 2 压过。粗花纹编织根据布表面上的斜带很容易目视确定。

在表 2.11 中给出了高模量碳布的基本性能。这种布所用的碳纤维是用聚丙烯腈纤维制备而成的。

表 2.11　高模量碳布的基本性能

名称		编织类型	1cm 的纱数量	布宽度/cm	面密度/$(g \cdot m^{-2})$	纱的牌号	布厚度/cm
SAATI（意大利）	CC	斜纹(twill)4×4	8	100	280	Torayca－T700,3K	0.28
	CC	斜纹(twill)2×2	5	100	200	Torayca－T700,3K	0.28
	CC	平纹(plain)	5	100	200	Torayca－T700,3K	0.28
	CF	斜纹(twill)4×4	14	100	480	Torayca－T700,12K	0.48
	CF	平纹(plain)	5	25	200	Torayca－T700,12K	0.11
复合材料控股公司（俄罗斯）	氩 УТ－900	平纹(plain)	6	90	240	УКН－П,5К	0.2
	氩 УТ－900	平纹(plain)	7	90	300	УКН－П,5К	0.25
	氩 УТ－900П	平纹(plain)斜纹(twill)	4	90	560	УКН－П,3К, 6К, 12К	0.48
	氩 УТ－900ПМ	平纹(plain)斜纹(twill)	4	90	540	УКН－П,3К, 6К. 12К	0.48
	氩 УТ－900ПТ	平纹(plain)	3～4	90	1 000	УКН－П,12К	0.86
	碳布预浸材料－СКМ	斜纹(twill)	3.25	120	262	УКН－П,12К	0.23
	碳布预浸材料－СКМ	平纹(plain)	3.25	120	262	УКН－П,12К	0.23
	碳布预浸材料－СКМ	缎纹(satin)	3.25	120	262	УКН－П,12К	0.23

2.4　碳/碳和碳/碳–碳化硅体系复合材料基体所用的玻璃碳、热解碳和碳化硅性能

　　玻璃碳是酚甲醛聚合物在惰性介质中高温加热的产物。玻璃碳具有很高的耐热性、耐烧蚀性、耐多种介质腐蚀性。在碳化时酚醛树脂红外光谱变化的顺序如图 2.2 所示。

　　酚醛树脂主要是聚合并生成球状结构。这些不熔的热固性聚合物在碳化过程中保持着复制初始生成物的超分子结构。因此，玻璃碳是带球形内腔的、直径为 20～40nm、足够密实的多面体球状密聚体。詹金斯模型是一种由之间分布有针状气孔的微晶体组成的无序编织碳带形式的玻璃碳结构（见图 2.3 和图 2.4）。在 773K 温度下热处理的玻璃碳结构，在已能够观察到理想有序性段的 2 973K 温度下处理后依然被保持。

　　根据酚醛树脂的类型、聚合物（丙阶酚醛树脂）的合成条件和制品成型条件，会产生大小不同的小球体群，这些小球体群在碳化过程中被复制（重复）并组成所生成玻璃碳的体积。同时，

在层状膜的表面层上可产生类似格状结构的玻璃碳结构。这类玻璃碳结构的均匀性被大大降低,因而强度较小、透气性较大。

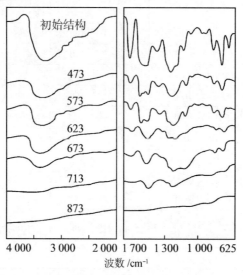

图 2.2　酚醛树脂的红外光谱(主要吸收频谱带归属)

$3\,400\mathrm{cm}^{-1}$—酚;$3\,020\mathrm{cm}^{-1}$—芳族;$2\,900\mathrm{cm}^{-1}$,$2\,830\mathrm{cm}^{-1}$—脂肪族;

$1\,630\mathrm{cm}^{-1}$,$1\,500\mathrm{cm}^{-1}$—芳香核;$1\,475\mathrm{cm}^{-1}$—亚甲基;$1\,100\mathrm{cm}^{-1}$—脂肪醚键;

$900\sim200\mathrm{cm}^{-1}$—芳族(曲线旁的数字为处理温度,K)

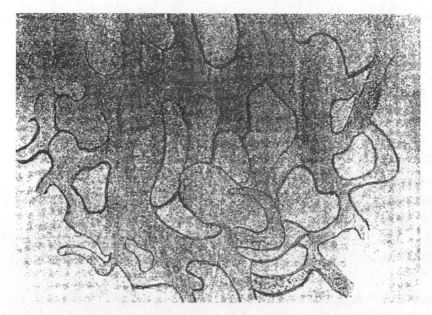

图 2.3　在 3 073K 温度下所得到的玻璃碳电子显微镜照片,放大倍数×536 000

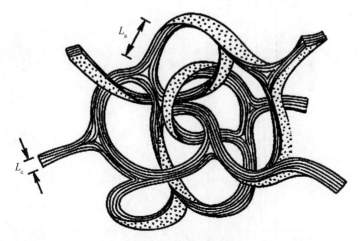

图 2.4 玻璃碳模型

球状或类似球状的玻璃碳结构是该材料性能的决定性携载体。同时,各种不同聚合物的合成、成型条件和其它工艺特点在很大程度上就预先决定了所制备玻璃碳的结构和性能。

在酚醛树脂固化和碳化过程中,试样的质量会不断发生变化。糠醛酚醛树脂溶液(黏合剂的牌号为 ΦH)的质量损失在表 2.12 中列出。用热重分析方法所得到的 ΦH 黏合剂的质量损失微分曲线如图 2.5 所示。玻璃碳的物理力学性能在表 2.13 中列出。

表 2.12 ΦH 黏合剂固化时游离组分的质量损失、主要成分和含量

热处理温度/K	质量损失/(%)	质量分数/(%)					
		元素				游离组分	
		C	H	N	O	糠醛	酚
不热处理	0	68.2	5.68	4.40	21.66		
313	6.6	68.58	5.52	4.36	19.83		
343	19.5	70.18	5.64				
353	23.8	70.16	5.59			35.0	2.88
373	27.3	70.88	5.61			10.86	1.40
393	28.1	73.14	5.53			6.31	0.72
423	29.0	73.24	5.50	4.54	16.72	4.20	0.26
1 173	30.5	73.3	5.37	4.64	16.68	0	0

由于保持低开口气孔率的困难和碳化时的收缩率,玻璃碳制品的厚度局限于 3～4mm(在个别情况下达 8mm)。用玻璃碳制作直径达 40mm 和长度达 1 000mm 的管子、直径达 250mm 的盘、100mm×500mm 的板,以及约 1L 的容器。

有关用玻璃碳制备(呋喃甲基酒精、酚醛清漆和呋喃树脂基,比例 1∶1∶1)纤维试样的信息可在相关文献中查找。

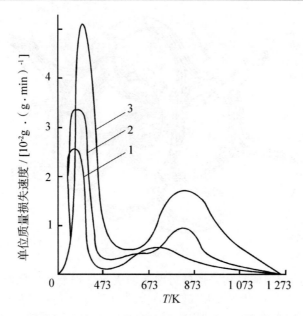

图 2.5   在对黏合剂以不同速度加热时用热重分析法所得到的微分曲线
1—5℃/min;2—10℃/min;3—20℃/min

表 2.13   玻璃碳的物理力学性能

指标		CУ-1300*	CУ-2000**	CУ-2500***
密度/(kg·m⁻³)		1 490~1 520	1 460~1 510	1 440~1 500
开口的气孔率/(%)		0.2~1	1~2	1.5~2.5
微硬度/(10^{-2}MPa)		0~33	20~23	18~20
在 293K 下的强度极限/MPa	抗压强度极限	300~400	300~400	300~400
	抗弯强度极限	107~127	130~160	
	抗拉强度极限	33~60	54~75	
比电阻/(MΩ·m)		45~50	40~43	34~51
在 293K 下的导热系数/[W·(m·K)⁻¹]		3.7~4.4	5.1~6.1	6.4~7.8
293~1 773K 下的线膨胀系数/(10^{-6}K⁻¹)		4.4~5.1	4.4~5.1	4.4~5.1
透气性(按照氦检漏仪)/(cm²·s⁻¹)		10^{-12}~10^{-11}	10^{-11}~10^{-10}	10^{-10}~10^{-9}
杂质的质量分数/(%)		0.02~0.04	0.02~0.04	0.02~0.04

注:在 * 1 573K, ** 2 273K, *** 2 773K 条件下得到的玻璃碳。

热解碳——多晶单相材料,具有很高的耐温性和化学稳定性。

可将热解碳生成过程看作成气相的结晶。因此,过程的初级阶段是在热透的固体碳表面晶芽生成或晶芽生长。

热解碳的晶体结构具有各种不同的完善程度,从无序的趋向涡结构(热解碳本身)到有序的石墨结构(高温石墨)。

热解碳的生成在 673～3 273K 宽温度范围进行。

热解碳层在热透的固体表面生成并重复这个表面的几何形状,可分三个主要气相沉积热解碳温度区域:1 073～1 473K,1 673～1 973K 和 2 273K 以上。

借助高温 X 射线设备对热解碳层结构的研究表明了沉积速度(v)和晶体高度(L_c)与沉积温度的关系(见表 2.14)。

表 2.14　热解碳沉积速度和晶体高度与沉积温度的关系

指标	温度/K					
	1 773	1 973	2 173	2 273	2 373	2 573
$v/(\mu m \cdot s^{-1})$	0.020	0.153	0.105	0.082	0.125	0.308
$L_c/$ nm	2.8	6.8	10.6	11.2	11.6	11.2

在表 2.15 中列出了在 2 100℃温度下沉积的热解碳试样结构和尺寸在附加热处理后的变化。沉积温度对晶粒尺寸、热解碳的强度和显微硬度的影响也在表 2.16 中列出。

ПУС-1,ПУС-2,УПВ-1,УПВ-1Т 工业牌号热解碳的性能在表 2.17 中列出。

表 2.15　热处理对热解碳性能的影响

指标		温度/K					
		2 373	2 563	2 773	2 973	3 173	3 273
L_c/L_a		0.685 6	0.685 0	0.675 6	0.673 0	0.672 0	0.671 8
$L_c/$nm		8.9	8.8	19.4	35.0	60.9	75.0
石墨化度		0.14	0.16	0.72	0.87	0.93	0.94
结构指数*		24.9	22.3	15.4	13.6	8.9	7.7
试样尺寸的相对变化/(%)	长度	0	0.36	2.41	2.52	4.40	4.64
	厚度	0	−0.77	−6.61	−8.97	−10.45	−11.77

注:结构指数*为结构曲线半宽,角分。

表 2.16　沉积温度对热解碳结构力学性能的影响

沉积温度/K	1 123	1 173	1 223	1 273
晶粒的尺寸/μm	1.0	2.2	18	36
强度/MPa	1 110	1 050	970	850
显微硬度(相对单位)	20	186	317～429	317～429

表 2.17 工业牌号热解碳的性能

指标		测量温度/K	牌号			
			ПУС-1	ПУС-2	УПВ-1	УВП-1Т
密度/(kg·m⁻³)		293	2 010~2 220	2 030~2 180	2 100~2 200	2 240~2 250
射线密度/(kg·m⁻³)		293	2 260	2 220		
平面间距离/nm		293	0.335~0.342	0.340~0.344		
强度极限/MPa	抗拉强度极限	293	—/60~75	—/42.5~85	—/21~43	
		2 773	—/100~200	—/102~134		
	抗弯强度极限	293	—/80~90	—/88~105	88~131/	
		2 773	—/165~175	—/119~121		
	抗压强度极限	293			282~345/ 56~76	
		2 773				
动态弹性模量/(10⁻⁴MPa)		293	—/3.02~4.0	—/2.8~3.4	—/2.75~3.02	
剪切模量/(10⁻⁴MPa)		293	—/1.6~2.0	—/1.5~1.6	—/1.45~1.55	
导热系数/[W·(m²·K)⁻¹]		293	1.2~2.5/—	0.7~1.4/—	2.2/330	6.5/1 100
比热容/[kJ·(kg·K)⁻¹]		293	1.85/1.30	1.67/1.76		
线膨胀系数/(10⁻⁶K⁻¹)		293	—/0.31	—/0.37	19~22/(−0.6~ (−0.2)	22/(1~−1.3)
比电阻/(MΩ·m)		293	2 000~8 000/ 2~10	3 000~3 600/ 8~12		

注:垂直于层的性能值用分子给出,平行于层的性能值用分母给出。

由于具有宽范围的物理力学性能、热学性能和化学性能,热解碳广泛用来高温致密结构石墨和碳/碳复合材料。

碳化硅作为碳/碳-碳化硅复合材料基体的组分保障在含磨料介质、化学腐蚀介质和达1 300℃高温的刚性条件下的高耐磨性。

耐磨性主要是用高硬度和高导热性的结合来保障。西莱米克斯公司生产的热解碳化硅和按烧结工艺生产的碳化硅的物理力学性能和热物理性能在表 2.18 中列出。

众所周知,碳化硅零件在磨料介质中的工作寿命要比工具钢和石墨的工作寿命高几倍,比硬合金的工作寿命高 0.5~1 倍。

高导热性会大大降低轴承构件中的温度梯度,并与低热膨胀系数一起保障了宽工作温度范围内几何特性的稳定性(工作间隙值和摩擦面的形状)。高导热性和低热膨胀系数的结合就决定了碳化硅的高耐热性。碳化硅能够承受达 1 000~1 300℃的数十次热冲击。碳化硅工作温度达 1 350℃。碳化硅的化学稳定性,其中包括耐石化产品作用性具有很大意义。所指出的碳化硅性能有可能将其用于石油开采(石油和地层水)、大多数石油加工过程中、冶金工业、医学等行业中。

表 2.18　热解碳化硅和用烧结制备的碳化硅(俄罗斯西莱米克斯公司生产的 SIR 牌号)物理力学性能和热物理性能

材料的性能	热解碳化硅	SIR
密度/(g·cm^{-3})	3.15~3.25	3.0~3.1
显微硬度/GPa	32.4~35.3	25~30
抗弯强度极限/MPa	430~460	320~350
抗压强度极限/MPa	2 500~2 700	2 300
弹性模量/GPa	430~450	380
在 100 ℃下的导热系数/[W·(m·K)$^{-1}$]	150~170	140~160
在 20~1 000 ℃下的线膨胀系数/(10^{-6}K^{-1})	3.8~4.3	3.5~4.0
破坏韧性/(MPa·m$^{1/2}$)	3.7~3.9	3.5

2.5　生产碳/碳和碳/碳-碳化硅体系复合材料所用的聚合黏合剂性能

最初用来制备碳基体的一些聚合黏合剂是线型酚醛和可熔酚醛树脂种类的酚甲醛聚合物。尽管残碳值不超过 57%,这些焦化的聚合物还是保障了制品在含氧和磨料粒子的固体火箭发动机燃气流中所必需的物理力学性能、热物理性能和侵蚀性能。

线型酚醛树脂 СФ-010(СФ-010A)是由 1:0.78~0.86 比例的苯酚和甲醛在酸催化剂参与下相互作用所制备的线性结构低聚物。俄罗斯国标 ГОСТ18634-80 的 СФ-010 线型低聚物结构式如图 2.6 所示,而其基本性能在表 2.19 列出。

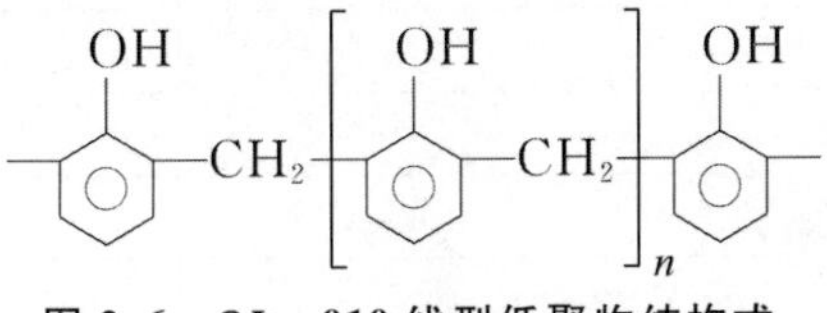

图 2.6　СФ-010 线型低聚物结构式

表 2.19　СФ-010 线型低聚物的性能

性能	值
密度/(kg·m^{-3})	1 220~1 270
滴点温度/℃	95~105
50%酒精溶液的黏度/(N·s·m^{-2})	0.07~0.16
游离酚的含量(≤)/(%)	9

在普通的线型树脂中含有 $50\%\sim60\%$ 的邻甲基,副甲基键,$25\%\sim30\%$ 的副甲基,副甲基键。

由于线型低聚物与乌洛托品(六甲撑四胺)的相互作用,生成了空间结构的聚合物(不熔酚醛树脂),如图 2.7 所示。

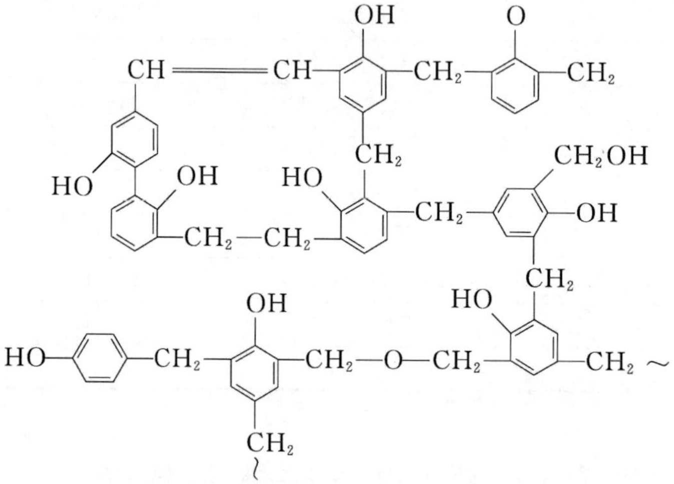

图 2.7 不熔酚醛树脂空间结构

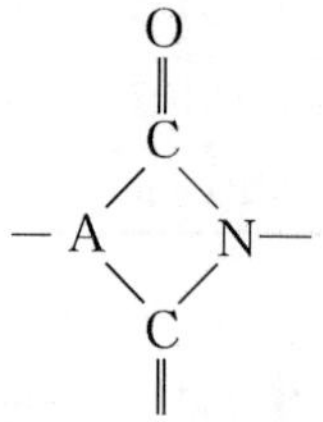

图 2.8 聚酰亚胺结构

对结构的分析表明,酚甲醛聚合物是很少交联的。通常约 25% 能形成三维网格键的官能团而被使用。

CΦ-010(CΦ-010A)聚合物(不熔酚醛树脂)的物理力学性能在表 2.20 中列出。

表 2.20 CΦ-010(CΦ-010A)聚合物(不熔酚醛树脂)的物理力学性能

拉伸弹性模量($E_{拉伸}$/MPa)	$18\times10^2\sim21\times10^2$
抗拉强度极限($\sigma_{拉伸}$)/MPa	42
抗弯强度极限($\sigma_{弯曲}$)/MPa	$50\sim100$
断裂延伸率/(%)	2
单位冲击韧性/(kJ·m^{-2})	$10\sim20$
表观密度/(kg·m^{-3})	$1\,250\sim1\,280$
比热容(C_p)/[kJ·(kg·K)$^{-1}$]	$1.3\sim2.0$
线膨胀系数(α)/(10^{-6}K^{-1})	$35\sim60$
导热系数(λ)/[W·(m·K)$^{-1}$]	$0.12\sim0.25$
比体积电阻/(mΩ·m)	$10^{15}\sim10^{17}$

使用能生成亚胺碳纤维增强材料的聚酰亚胺基体并能得到超过 70% 残碳值的亚胺黏合剂对于生成碳/碳和碳/碳-碳化硅中的焦炭基体来说是最有前景的。

聚酰亚胺即大分子主链或侧链中含有通常与苯核或其它环缩聚的亚胺环的聚合物,如图 2.8 所示。

在环化后可再处理的可溶和（或）易熔聚酰亚胺是在 $160\sim210℃$ 条件下用在高沸点溶剂（甲苯酚，硝基苯）中一阶段多环缩聚制备的。为了制备高分子聚酰亚胺，必须仔细除去反应时所析出的 H_2O。在羧酸或羧酸胺、叔胺和杂环胺以及刘易斯酸的参与下，这个过程会加快。聚酰亚胺也按图 2.9 所示的方式用二酐四羧酸和二异氰酸酯相互作用制备。

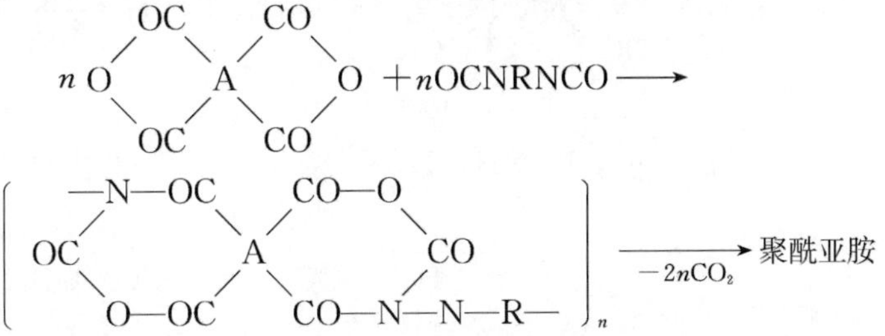

图 2.9　聚酰亚胺制备反应过程

在叔胺或羧酸参与下，用邻苯二甲酸二甲酯胺或四二甲基乙酰胺进行反应。将带 5 节、6 节和 7 节亚胺环的聚酰亚胺区分开。主链中芳族线型 5 节环聚酰亚胺得到了最实际的应用，这些聚酰亚胺含有均苯四酸残渣、$3,3',4,4'$-四羧基二苯醚残渣、$3,3',4,4'$-四羧基苯酚残渣、$4,4'$-二氨基二苯醚残渣、M-对苯二胺或其它基二胺残渣。这类聚酰亚胺在 $-270\sim325℃$很宽的温度范围内都能保持高的物理化学指标和物理力学指标。

应将大分子主链中带脂肪族环的聚酰亚胺和纯芳族聚酰亚胺区分开，前者是白色或黄色固体易结晶物质。

分子中含少于 7 个碳原子的脂肪族二胺基聚均苯酰亚胺熔化温度高于其分解开始温度（350℃以上），在已知的有机溶剂不溶解。

链中含有 7 个以上碳原子或具有支碳氢链（不少于 7 个碳原子）的脂肪族二胺基聚均苯酰亚胺，以及其它芳族四羧酸和各种不同脂肪族二胺的聚酰亚胺在 300℃温度下就被软化。这类聚酰亚胺用压制、加压注射或挤压方法加工性好。芳族四羧酸和各种不同脂肪族二胺的聚酰亚胺的玻化温度为 $100\sim200℃$。在非晶态时，它们在 M-甲酚甲氧、四氯乙烷、三氯甲烷中溶解性好，在邻苯二甲酸二甲酯、丙酮、苯中不溶解。用这些聚酰亚胺溶液和熔体可成型很结实的弹性薄膜。这些聚合物作为电缆绝缘和薄膜得到了实际应用。

为了合成网状聚酰亚胺，采用分子中官能团数超过两个的的单基物以及有反应能力并含有亚胺环的低聚物。它们中的官能团是末端乙炔基官能团、腈基官能团、异氰酸盐基官能团、丙烯酰胺基官能团或其它基官能团，以及主链中的酮基官能团、二苯基官能团或其它基官能团。

双顺丁二烯基网状聚酰亚胺由于原料易得到、制备和加工容易而得到了最大推广。

将三维结构的成型与聚酰亚胺的再处理结合在一起，过程是在比聚酰胺酸热环化低很多的温度 $200\sim250℃$ 下进行的，而且不伴随析出增大材料气孔率和降低材料性能的低分子反应产物（最常见的是 H_2O）。

反应一般利用剩余的未饱和组分，例如，双顺丁二烯基酰亚胺和二苯甲烷或二元胺（例如

4,4′-二氨基二苯甲烷)和二硫杂环戊二烯在160～200℃温度下进行。在这种情况下,发生双顺丁二烯基酰亚胺双键活化两种反应——第二组分亲核加入反应和按图2.10所示机理的聚合反应。

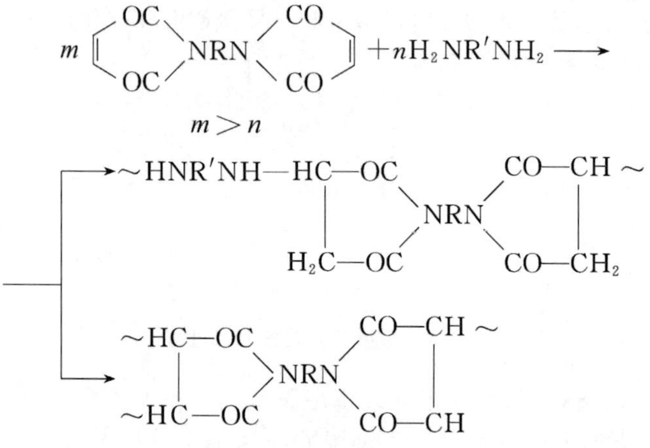

$$m \left[\begin{array}{c} OC \\ OC \end{array} \right] NRN \left[\begin{array}{c} CO \\ CO \end{array} \right] + n H_2 NR'NH_2 \longrightarrow$$

$$m > n$$

~HNR'NH—HC—OC　　　CO—CH~
　　　　　　　＼NRN／
　　　H₂C—OC　　　CO—CH₂

~HC—OC　　　CO—CH~
　　　　＼NRN／
~HC—OC　　　CO—CH

图 2.10　聚酰亚胺双键活化聚合反应

　　网状聚酰亚胺是一种在空气中热分解开始之前(约400℃)不软化的固体物质,它们在有机溶剂中不溶解、不膨胀。在一系列性能(力学和电性能)方面,网状聚酰亚胺类似于线型芳族聚酰亚胺,它们的长期使用温度上限为250～275℃,这比芳族聚酰亚胺要低50℃。

　　按照类似粉末冶金工业工艺,用不熔聚酰亚胺制作整体制品,将所得到的制作零件所用的毛坯件机加。用缠绕方法、压制方法、真空成型方法制备增强材料。用压制或加压浇注对热塑性聚酰亚胺进行再加工。

　　可用芳族聚酰亚胺制备用于在250～300℃温度下,而且有时在较高温度下长期使用的所有种类工业材料,现生产的有电绝缘聚酰亚胺薄膜、绕组线的瓷漆、浇灌复合胶、黏合剂、胶、塑料(密封圈、轴承、电绝缘器具等)、纤维、泡沫塑料(隔声,例如,在喷气式发动机中)、油漆材料。聚酰亚胺基增强材料作为涡轮叶片、飞机整流罩、电子印刷电路所用的材料是很有前景的。已研制出的亚胺树脂基聚合物材料牌号是众所周知的——在俄罗斯(俄罗斯塑料科学研究所)和АПИ-2(莫斯科齐奥尔科夫斯基航空学院),СП牌号的这类材料成分是众所周知的。АПИ-2的成分是三种生成亚胺的单体混合物。国外类似的亚胺聚合物有PMR-11,PMR-15,LARC-160。黏合剂有Skybond(Monsanto),Pyalin(Du Pont),NR和Avimid(Du Pont)。

　　为了成型碳/碳-碳化硅复合材料中碳基体的碳化硅组分,已开始了将有机硅黏合剂加入能保障得到固体残碳的聚合黏合剂中的研究。有机硅聚合物或硅氧烷是各种不同液体、橡胶和树脂的大官能团,它们都含有与有机碳直接或通过氧交联的硅(聚硅氧烷)。

　　有机硅聚合物液体没有气味,黏度、沸点和冰点差别很大,它们很耐热,并且如果不燃烧,那么,就很难和很少受水、受大多数能破坏普通有机材料的化学和物理因素的作用。首先,它们对大多数如塑料、橡胶、油漆或人体组织及生物这类有机材料影响很少,或完全不影响。

　　有机硅液体是很好的电绝缘材料,透明并具有疏水性。这种少有的物理性能的结合就有可能将其用在发动机油料添加剂中,用来制备各种不同的润滑剂、在宽温域(零上和零下温度)范围使用的液压和减振液体,用在用果酱和果子酱的烹饪中(预防起泡沫)、用在化妆品、漆涂层中,用来浸染衣服和包覆布,用在覆盖、存放对与玻璃表面接触敏感的某些液体药品所用的器皿壁的薄膜中,用在家具和汽车抛光剂中,用在医疗设备中,用在沥青生产中,等等。用有机硅低聚物或聚合物对各种不同材料表面处理后留下的薄膜具有特殊的防尘和防水性能,这种处理后的表面不吸水并易清除脏物。

有机硅聚合物液体以纯态形式使用。如果将有机硅作为减震液体使用,通常就会提高敏感仪器的精度及其耐损伤性。甚至如果经受相当大的震动的话,选配好的液体会排除指针的不可容许的颤动和跃变。

有机硅液体能够消除从汽车发动机到机车柴油机各种不同类型发动机中飞轮的振动。有机硅聚合物具有很好的压缩性,这就提供了将其用在飞机起落架液体减震器中的可能性。因为大多数有机材料不黏附有机硅聚合物,所以有机硅液体常常以薄膜的形式使用,以便(在成型橡胶或塑料和加压浇铸金属时)容易将成品制品与模具分离。有机硅液体的耐热性和耐水性与其出色的电绝缘性能和抗电场击穿稳定性联合在一起,就使得将其应用在航空发动机火花塞绝缘中、无线电设备中、X 射线设备中、天线中、转换开关中、船用发动机点火系统中、蓄电池组中和电缆中成为可能。有机硅液体也保障了在高温条件下所使用的电容器和小变压器工作的长期限和可靠性。

用来制备碳/碳和碳/碳-碳化硅类复合材料的有机硅聚合物的性能在表 2.21 中列出,表中也列出了酚甲醛聚合物和聚酰亚胺聚合物性能的数据。

表 2.21　酚甲醛聚合物、聚酰亚胺聚合物和有机硅聚合物的性能

性能	聚合物		
	酚甲醛	有机硅	聚酰亚胺
密度/$(g \cdot cm^{-3})$	1.2～1.36	1.15～1.36	1.2～1.45
拉伸弹性模量/GPa	1.4～6.8	1.5～3.7	3.2～5,5
抗拉强度/MPa	22.5～78.3	6.8～34.2	90～95
断裂延伸率/(%)	0.3～0.4	0.3～1.5	1.0～4.0
单位冲击韧性/$(kJ \cdot m^{-1})$	2.0～11.3	2.3～5.4	4.0～12.0
线膨胀系数/$(10^{-6} \cdot K^{-1})$	60～80	20～40	50～58
固化收缩率/(%)	0.5～7.0	2.1～4.3	0.5～2.0
在 24h 内的吸水性/(%)	0.15～0.6	0.05～0.2	0.01～0.6
导热系数/$[W \cdot (m \cdot K)^{-1}]$	0.23～0.27	0.4～0.6	0.34～0.38
介电系数/10^6 Hz	3.0～5.0	2.6～4.2	3.4～3.8
比电阻/$(\Omega \cdot m)$	10^9～10^{10}	10^{12}～10^{13}	10^{14}～10^{15}
介电质损失角正切值	0.015～0.035	0.001～0.025	0.001～0.005
马氏耐热性/℃	140～180	250～280	250～370

第3章 碳纤维增强材料性能的研究、碳纤维增强材料的成分及其制备工艺的研制

3.1 碳/碳和碳/碳-碳化硅体系复合材料所用碳纤维增强材料制备的主要问题

碳纤维增强材料在含有纤维增强材料的聚合物基复合材料中占据特别地位。碳纤维增强材料的主要用户为下列领域:建筑领域、运输业、动力领域、风能领域、管道和贮罐生产领域、消费品领域、船舶制造业以及航空航天领域。在碳纤维延伸率达 2%时,将碳纤维增强材料的相对变形从 0.35%~0.47%增大到 0.6%以上就能乐观预测其生产的进一步增长。2012 年,各个不同领域在世界市场消费纤维聚合物基复合材料产品的消费量和费用在表 3.1 列出。

表 3.1　2012 年世界市场聚合物基复合材料消费预测

领域名称	生产量/(10^3 t)	产品价格/(10^9 美元)
建筑领域	2 737.8	5.93
运输业(汽车、铁路、无轨电车)	2 369.6	5.15
动力/电子领域	1 853.3	6.39
管道和容器	1 447.7	3.59
消费品	996.8	2.96
船舶制造业	603.7	1.40
风能	351.0	1.87
航空制造业	32.7	2.96
其它领域	390.0	0.78
总计	10 782.6	31.03

注:计算是根据 2009—2011 年期间这些指标的增长进行的。

碳纤维增强材料的市场每年都以 25%的速度增长,在 2013—2015 年近三年时间内,世界生产能力增长了 80%。在对聚合物基体碳化(焦化)处理条件下,就可制备出性能水平完全新的碳纤维增强复合材料,同时成型新型材料——碳/碳复合材料。

碳/碳复合材料的制备对初始碳纤维增强材料提出了附加要求,这些要求取决于以下

条件：

(1)碳/碳复合材料成型的物理力学过程特点。

(2)板(线性尺寸达 1 500mm，厚度达 40mm)和壳体(厚度达 20mm，直径为 35～2 200mm，长度达 4 000mm)形式的产品新目录。

同时，碳纤维增强材料的缺陷是众所周知的，具体如下：

(1)物理力学指标离散相当大。

(2)大多数碳纤维增强材料结构的层理性就决定了其层间和横向抗裂强度低。

(3)有气孔、气态夹杂物、微裂纹和分层。

在采用这类碳纤维增强材料来制备碳/碳复合材料时，所列举出的所有缺陷就会转移到碳/碳复合材料上。在这种情况下，物理力学指标的离散增大，微裂纹的数量和分层的面积也增大。

已知有消除碳纤维增强材料这些缺陷有以下方法：

(1)采用高模量纤维。

(2)对纤维进行改性处理。

(3)增强纤维空间排列。

(4)复合材料混杂(基体和增强材料混杂)。

然而，使用这些方法会遇到很大的困难。

碳纤维增强材料制作的零件和结构的物理力学性能(见表 3.2)很大程度上取决于碳纤维相对施加载荷方向的取向。

表 3.2　碳纤维取向对 CФ‐010A 酚甲醛黏合剂和 УКН‐Ⅱ 纤维
(俄罗斯)基碳纤维增强材料性能的影响

指标	所施加载荷的碳纤维增强材料性能		
	顺着纤维	与芯模旋转轴成 21°角	与纤维垂直
密度/(g·cm^3)	1.4	1.4	1.4
抗拉强度 $\sigma_{拉伸}$/GPa	1.2～1.3	0.12～0.13	0.05～0.06
拉伸弹性模量 $E_{拉伸}$/GPa	95～105	19～21	3.35～3.9

由表 3.3 给出的数据可看出，在单向碳纤维增强材料中仅实现48％～52％的碳纤维抗拉强度和38％～42％的碳纤维拉伸弹性模量。对于与纤维轴线不重合的加载角度来说，碳纤维增强材料的强度性能会急剧降低。对于大多数碳纤维增强材料制品来说，使用时的加载条件通常是与增强方式不相符的。因此，选择尽可能反映使用时产品实际加载条件的增强方式是很重要的条件。正如从表 3.3 列出的数据所看出的那样，增强碳纤维的强度比黏合剂的强度大几十倍，但是，为了实现增强材料对基体的这个优势，必须在基体和纤维接触的整个面积内形成基体与纤维很强的相互作用，要达到这一点是相当复杂的，因为，这种相互作用取决于许多因素，其中包括取决于黏合剂的成分、纤维的结构、复合材料的制备工艺。影响界面层结构、性能和厚度的上浆剂有助于改善纤维与黏合剂的相互作用。在界面层形成时浆料的作用很大：上浆剂会将纤维增强材料与黏合剂的接触面积增大许多倍，达到 $600mm^2/mm^3$ 纤维。

表 3.3　碳纤维增强材料中碳纤维视加载方向的强度、弹性模量、比强度、比弹性模量的实现百分比

参数	材料					
	俄罗斯"氙"生产的 УКН-П 碳纤维	俄罗斯"酚醛塑料"生产的 СФ-010A 基聚合物基体	碳纤维增强材料			
			单向碳纤维增强材料	在沿碳纤维增强材料中纤维轴线加载时碳纤维强度的实现比例/(%)	在与芯模旋转轴成 21°角缠绕时	在与碳纤维增强塑料中纤维轴线成 21°角加载时碳纤维强度的实现比例/(%)
表观密度 ρ/(g·cm^{-3})	1.73	1.26	1.4		1.4	
抗拉强度 $\sigma_{拉伸}$/GPa	2.5	0.045	1.2~1.3	48~52	0.12~0.13	4.8~5.2
拉伸弹性模量 $E_{拉伸}$/GPa	250	2.0	95~105	38~42	19~21	7.6~8.4
比抗拉强度($\sigma_{拉伸}/\rho$)/[GPa·(g·cm^{-3})$^{-1}$]	1.44	0.035	0.85~0.93	59.0~64.6	0.086~0.093	5.9~6.4
比拉伸弹性模量($E_{拉伸}/\rho$)/[GPa·(g·cm^{-3})$^{-1}$]	1.44	1.58	67.85~75.0	47.11~52.1	13.6~15.0	9.44~10.4

　　界面层形成发生在一定的时间内,而且过程的持续时间取决于黏合剂的黏度、相对分子质量、物理力学性能、固化速度、纤维中的气孔大小和结构,最终还取决于上浆剂的性能。图 3.1 所示为碳纤维增强材料复合材料增强基体中间相互作用示意图。

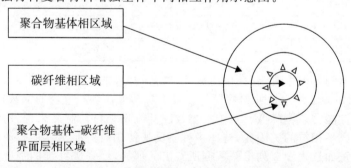

图 3.1　聚合物-碳纤维体系相间相互作用示意图

　　为了生产性能给定的增强材料,必须根据黏合剂的性能,通过正确选择增强纤维所用上浆剂的途径,有目的地调节聚合基体-碳纤维界面的结构和范围。由于上浆剂直接参与形成相间层,所以应认为复合材料组成就包含黏合剂、增强材料和上浆剂。碳/碳和碳/碳-碳化硅体系

所用的上浆剂应具有下列性能：残碳值高，对增强材料浸润性好，渗透性好，很好填充其表面缺陷，能在增强纤维表面形成与聚合黏合剂相容的界面层，能降低过渡层中因黏合剂固化过程收缩现象而产生的残留应力值，能在基体中再分配应力并在对复合材料发生力学作用时将应力转移到纤维上。

为了制备能保障碳/碳和碳/碳-碳化硅体系复合材高性能的碳纤维增强材料，必须确定上浆剂。对碳纤维上浆不能像对玻璃纤维做的那样，因为碳纤维的特性和结构完全是另一种。

为了提高聚合物基体和碳纤维之间的黏结强度，在碳纤维上涂抹特种防护层。这种特种层是防护纤维在制备织物材料时受磨损，提高纤维的断裂强度、填充纤维中的气孔和裂纹、形成纤维与黏合剂之间的过渡层。

防护层单体的选择要考虑到制备碳纤维增强材料所用的黏合剂性能，其中包括借助上浆剂来调节界面层的结构向来都是旨在增大相界面上的相互黏附作用，最终提高复合材料的物理力学性能。

作为材料学一个重要分支的聚合物基复合材料的发展历程是与像石墨化碳纤维和硼纤维这类纳米结构纤维的出现不可分割地联系在一起的。这类纤维的制备工艺规律性与碳纳米管新型材料的制备工艺有许多相同点。碳纤维的纳米结构本身和聚合物-碳纤维界面的纳米结构对于测定所研制的聚合物基碳纤维增强材料性能来说都具有决定性的作用。实际上还没有关于研制聚合物-碳纤维界面有效纳米结构问题方面的理论值。在这种情况下，从笔者的观点来看，解决这个问题就能以新的方式看待碳/碳和碳/碳-碳化硅体系复合材料的制备工艺并得到该类材料新的独特性能。线性尺寸接近纳米粒子尺寸的最初微观材料物体是等量直径尺寸约 $1\mu m$ 的丝状碳化硅和玻璃纤维晶体。最初这类纳米材料的高致癌性就不允许研究人员从事其使用的应用问题研究。弹性模量为 1 000GPa、强度为 50GPa 和导电性比铜高两倍的碳纳米管的出现就表明了性能没有类似的新碳结构形式出现。碳纳米管的最初使用是与其阻碍碳纤维增强材料聚合物基体中裂纹扩张的高性能相关的，同时，目前尚未解决的主要问题是碳纳米管在其浓度高时均匀的分布。

在表 3.4 中列出目前已经达到和所预期 2017 年能达到水平的俄罗斯单向碳纤维增强材料（环氧黏合剂和环氧-酚醛黏合剂）的力学性能。

表 3.4　单向增强材料的性能

性能	碳纤维增强材料	
	УКН‑5000М（现代的）	预期 2017 年碳纤维增强材料
纤维的相对体积分数/（％）	50～60	65～70
密度/（kg·m⁻³）	1 480～1 550	1 570～1 620
抗拉强度/GPa	1.6～1.8	3.3～3.5
抗压强度/GPa	1.0～1.2	1.6～1.8
抗层间剪切强度/MPa	60～70	80～120
弹性模量/GPa	140～150	185～200

依我们之见,在碳/碳和碳/碳-碳化硅复合材料发展的现阶段,相当重要的是使用其它焦化聚合物基纤维来制备未来碳/碳复合材料的碳纤维增强材料基体。将浸有酚甲醛低聚物和其它种类的焦化聚合物基纤维的碳纤维预浸材料随后成型和固化结合就能得到由两种聚合的低聚物构成的相互渗透的聚合物网格(在碳化后是相互渗透的焦化网格)。为实现此目的,使用俄罗斯科学院高分子化合物研究所所研制的聚酰亚胺纤维是有效的,纤维的牌号是ИВСАН,其性能在表 3.5 列出。

表 3.5　ИВСАН 聚酰亚胺纤维的性能

性能		ИВСАН－87	ИВСАН－89	ИВСАН－90
密度/(kg·m^{-3})		1.45	1.50	1.52
在下列温度下的抗拉强度/GPa	20℃	1.7	3.2	5.1
	200℃	1.3	2.5	4.3
	400℃	0.8	2.2	2.8
在下列温度下的声学弹性模量/GPa	20℃	30	225	292
	200℃	22	170	250
	400℃	15	90	120
纤维的断裂延伸率/(%)		10	3～4	3～5
质量损失为 5% 时的耐热性/℃		550	570	580

在研制碳/碳和碳/碳-碳化硅体系聚合物基复合材料时,重要的任务之一就是,选择或研制能保障达到碳/碳和碳/碳-碳化硅复合材料最大强度性能并满足一定工艺要求和使用要求的聚合物焦化基体(黏合剂)。从最大实现纤维强度的观点来看,这首先涉及对聚合物基体的要求和对聚合物-纤维界面层的要求。复合材料的强度实质上取决于其结构、应力状态,是与各种各样的材料破坏机理直接相关的。了解破坏机理对于进行计算和预测聚合物焦化复合材料的性能、正确选择试件的几何形状和试验方法来说是所必需的。

当顺着纤维轴向拉伸时,实现下列主要破坏机理:①由于纤维断裂累积,纤维承载能力完结;②由于应力集中增大,裂纹裂口中纤维连续断裂而导致的横向主裂纹增大;③由于纤维性能与基体性能的关系,纤维沿基体、界面或纤维本身的分层。在碳/碳和碳/碳-碳化硅体系复合材料破坏时都保持着所列举的破坏机理。例如,前两种破坏机理的竞争表现在基体强度和刚度的增大导致纤维临界(非有效)长度减小,从而导致复合材料强度增大。也就是说,在这种情况下,第一种破坏机理占据优势,但是,同时,裂纹裂口处中(与已断裂纤维相邻的纤维中)的应力集中增大,这就导致复合材料按照第二种机理的过早破坏。

已查明复合材料强度与温度、试验速度、黏合剂中增塑剂浓度的极值关系曲线。所有这一切都是复合材料破坏机理与聚合物基体和碳基体屈服点的温度-时间关系竞争的结果,因此,不管是聚合物基体,还是碳基体,弹性和强度都应是最佳的,最佳值取决于增强纤维的性质和性能,取决于制品材料中几何和工艺应力集中点的存在。

第三种破坏机理(纵向分层)是由于纤维同轴性破坏处剪切应力或横切应力相互作用所造

成裂纹沿纤维扩展比较缓慢，或由于热膨胀系数、泊松比和目前还未知的其它系数的差异而引起的。在沿增强方向压缩时，同样出现几种破坏机理：①纤维稳定性丧失的不同形式；②纵向分层和复合材料构件随后失稳；③形成与材料轴线成小角度分布滑动(扭结)区，这就导致材料蠕变或脆性破坏。其中，第三种破坏机理是抗压强度实质上低于抗拉强度的聚合物基碳纤维复合材料特有的。在这种情况下，复合材料的强度从属于加成定则。

聚合物基体的主要物理力学性能可分为相互对立的并很难整合一致的三类，例如，增大交联度会提高聚合物的强度、刚度和耐热性，但是会大大降低其断裂韧性。各种不同聚合物的强度在 $10\sim20MPa$ 到 $100\sim200MPa$ 变化，这取决于温度的程度比取决于弹性模量的程度要大。至于谈到聚合物的冲击韧性和断裂功，那么，在这方面对聚合物研究得很少，甚至还不能对聚合物在冲击时的性状给出定性预测。

目前，弹性-强度性能高、工艺性和耐热性好的热固性网状聚合物是制备聚合焦化复合材料的主要成分，它们的缺陷是断裂韧性低，这是由塑形变形分率小所决定的。近十年来，出现了将高弹性-强度性能和耐热性与大的可变形性结合的热塑性聚合物，但是，由于它们的熔体黏度高，使用热塑性黏合剂来制备连续纤维增强的聚合焦化复合材料是很困难的。此外，热塑性聚合物目前还很昂贵，是用稀缺原料来生产的。

1. 热固性聚合物基体

传统上采用酚醛体系和亚胺低聚物来制备聚合物基复合材料。酚醛体系和亚胺低聚物的优点是原料的成本比较低、工艺性好(黏度低、固化温度不高)、对碳纤维的黏附力好、有为提高耐热性和化学稳定性而改性的可能性。某些聚合物的物理力学性能在表 3.6 和表 3.7 中列出。热固性塑料的主要缺陷有呈脆性、冲击强度低、酚醛体系和亚胺低聚物基预浸材料的寿命有限。

表 3.6　热固性聚合物基体的标准性能

性能	酚醛聚合物	有机硅聚合物	聚酰亚胺
密度/$(g \cdot cm^{-3})$	$1.28\sim1.36$	$1.25\sim1.36$	$1.3\sim1.45$
抗拉弹性模量/GPa	$4.2\sim6.8$	$2.5\sim3.7$	$4.2\sim5.5$
抗拉强度极限/MPa	$47\sim78$	$18.0\sim34.2$	$88.2\sim95.2$
延伸率/(%)	$0.27\sim0.35$	$0.3\sim0.95$	$1.0\sim2.7$
单位冲击韧性/$(kJ \cdot m^{-2})$	$2.0\sim8.3$	$2.3\sim4.3$	$4.0\sim8.7$
线膨胀系数/$(10^{-6}K^{-1})$	$60.0\sim72.3$	$20.0\sim34.2$	$50.0\sim58.6$
固化收缩/(%)	$3.5\sim7.0$	$3.5\sim4.5$	$0.8\sim2.1$
24h 内的吸水率/(%)	$0.15\sim0.5$	$0.05\sim0.17$	$0.01\sim0.48$
导热系数/$[W \cdot (m \cdot K)^{-1}]$	$0.23\sim0.27$	$0.4\sim0.6$	$0.3\sim0.4$
马丁法耐热性/℃	$145\sim180$	$260\sim280$	$280\sim370$

表 3.7　热塑性聚合物基体的标准性能

性能	酚醛聚合物	有机硅聚合物	聚酰亚胺
密度/(g · cm^{-3})	1.2～1.28	1.15～1.25	1.20～1.30
抗拉弹性模量/GPa	1.4～4.2	1.5～2.5	3.2～4.2
抗拉强度极限/MPa	22.5～45.0	6.8～19.5	78.0～87.0
延伸率/(%)	0.29～0.4	0.95～1.5	2.7～4.1
单位冲击韧性/(kJ · m^{-2})	8.2～11.3	3.9～5.4	7.9～12.0
线膨胀系数/(10^{-6}K^{-1})	68.7～80.2	29.6～40.0	50.0～58.6
固化收缩率/(%)	0.5～5.2	2.1～3.6	0.5～1.9
24h 内的吸水率/(%)	0.23～0.6	0.05～0.2	0.07～0.6
导热系数/[W · (m · K)$^{-1}$]	0.23～0.27	0.4～0.6	0.3～0.4
马丁法耐热性/℃	140～180	250～280	250～370

对表 3.6 和表 3.7 的分析表明,热固性聚合物基体密度比较高,因而弹性模量和抗拉强度也就比较高。热固性塑料具有高的固化收缩率和较高的马丁法耐热性。对于制备焦炭基体来说,低聚物的化学性质和固化过程与聚合物最终性能的联系研究得明显不够。变化初始,树脂和固化剂中的官能团就能保障这些聚合物宽的性能范围。应当说,在研制聚合物基复合材料的基体,其中包括研制所研究的聚合物基复合材料时,广泛采用将两种或两种以上不同低聚物化合的概念来制备具有协调效应或加成性能组合的新材料。同时,将两种或两种以上不同低聚物化合来制备带有能保障焦化基体新性能的协调效应或加成性能组合的新聚合物基体的资料实际上是很少的。

采用溶剂和低分子稀释剂,即热塑性塑料、增塑剂来降低黏合剂的黏度。为了提高焦化树脂的黏附性和黏度,在大分子链中参入了杂环链段。

可将线性或空间杂芳族聚合物分成适合用作聚合物基复合材料基体的单独种类耐热聚合物,这类耐热聚合物实际不用改变力学性能就能够在加热到超过 300℃ 温度条件下保持长期使用,属于这类耐热聚合物的首先是聚酰亚胺。这类聚合物的制备工艺是以析出水和乙醇进行的。这种现象具有不良效应,首先影响基体的强度性能,因此,除去极性溶剂的必要性就限制着这类基体的应用。

研制工艺性较好且不昂贵的聚酰亚胺树脂制备工艺使得双马来亚胺出现,二元胺与马来酐反应所得到的这类聚合化合物随后化学亚胺化或热亚胺化就会生成低聚酰胺酸。1990—2010 年间,在国外已研制并生产试制了许多品种的双马来亚胺树脂。双马来亚胺树脂很成功地参与生产聚合物基复合材料所用耐热黏合剂市场的竞争并取代环氧树脂,但是,双马来亚胺基体固有由冲击韧性不足所引起的严重缺陷。在弹性模量高的情况下,双马来亚胺力学强度低并具有可变形性。用增大聚合物相对分子质量,用弹性体,其中包括用 1,2-聚丁二烯对聚酰亚胺改性这些众所周知的方法就可提高双马来亚胺的力学强度和塑性。

　　建立在利用断裂韧性高的热塑性聚合物与冲击韧性低的双马来亚胺树脂相互作用基础上的方法是众所周知的。在这种情况下，就产生了由热塑性塑料极其低的可溶性所造成的严重工艺问题。保障热固性塑料高耐热性所需的热塑性塑料高玻化温度就使采用热塑性塑料——聚醚亚胺、聚砜成为可能，采用这些热塑性塑料就有可能实现聚合混合物的高耐热性。质量分数为 18%～21% 水平的热塑性塑料添加剂从实质上也会提高双马来亚胺树脂的抗冲击载荷性。除了聚合物结合时的工艺特性问题外，加入热塑性塑料会降低预浸料诸如黏性和可流展性这类工艺性能。在由热固性塑料和热塑性塑料生成聚合混合物时，热固性塑料黏度增大的机理尚处在研究阶段。有建议用有聚合能力的酰亚胺低聚物制备方法，这种方法包括双呋喃化合物与双马来亚胺之间的二烯合成反应并随后对低聚物产物芳构化。按照这种方法，应认为酰亚胺低聚物结构中已经有亚胺环，因此这个方法不用分子内环化就有可能进行。酰亚胺低聚物在 80～100℃ 温度下熔化并易与液体丙烯或环氧型低聚物结合，在 120～180℃ 温度下开始固化，共计 40min。通过调节硅烷型催化剂的数量就可得到黏度适用于各种不同方法制备和处理预浸料的低聚物。所制备的聚合物具有高的断裂韧性、耐热性（达 200℃）和耐水性。

　　众所周知，网状聚合物的结构耐热性高并拥有生成高残碳值的能力，在网状聚合物中的填隙链段是刚性芳族杂环或有机元素原子团，生成相同填隙链段网状聚合结构的环化三聚合反应有助于形成这种体系。在这种结构中，位于网结点中的六节芳族碳环和杂环的稳定性高。从高耐热性的观点来看，大有希望的前景是与黏合剂合成相关的，属于这些黏合剂的是异氰酸酯、碳二亚胺和雷奥蓝。

　　2. 热塑性聚合基体

　　在热塑性基体聚合复合材料领域中的最新成就有助于对热塑性基体聚合物基复合材料兴趣持续不断的增长，这种兴趣是由 20 世纪 70—80 年代新型耐热线性聚合物-聚醚酮的出现所引起的。与热固性黏合剂基聚合复合材料相比，增强热塑性塑料的主要优点是断裂韧性高，抗裂性、冲击强度、耐热性高（与传统环氧树脂相比），耐腐蚀介质作用性高，热塑性塑料基预浸材料的寿命无限制长，工艺周期速度高，具有再次加工和局部消除缺陷的可能性。从使用热塑性基体来制备碳/碳-碳化硅体系复合材料的观点来看，可以大胆地确认，它们的使用是极其重要的。例如，未添加固化剂的线型酚醛树脂可用来制备玻璃碳基体，未用碳纤维增强的玻璃碳基体的性能在表 3.8 中列出。

表 3.8　Sigradur 公司(德国)的玻璃碳基体性能

性能	SIGRADUR®K	SIGRADUR®G
最大工作温度(真空或惰性气体)/℃	1 000	3 000
密度/(g·cm⁻³)	1.54	1.42
开口的气孔率/(%)	0	0
渗透率/(10cm·s⁻¹)	112	92
维氏硬度(HVl)	340	230

性能	SIGRADUR®K	SIGRADUR®G
抗弯强度（四个点）/(N·mm^{-2})	210	260
弹性模量/GPa	35	35
抗压强度/(N·mm^{-2})	580	480
比电阻/(Ω·μm)	50	45
导热系数/[J·(K·m·s)$^{-1}$]	4.6	6.3
(20～200℃)线膨胀系数中值（平均值）/(10^{-6}K^{-1})	3.5	2.6

对玻璃碳微观结构 SIGRADUR® 的分析表明，玻璃碳微观结构是结构极其不规则的一种碳形式。不久前的研究已表明玻璃碳的结构是富勒烯结构，这种结构说明反应性低、强度高、硬度高、密度低和不透性，即许多令人感兴趣的玻璃碳性能。

杜邦·德·涅穆尔公司经理 M.博科曼认为，增强热塑性塑料在聚合物基复合材料生产中将占据主要地位。从事研制热塑性黏合剂、采用增强碳纤维制备热塑性黏合剂基预浸材料并将其制成产品的大型外国公司有杜邦·德·涅穆尔、杰涅拉尔电气专家、ICI、斯佩迈尔和阿莫科。主要应用方向为航空航天技术装备、汽车制造业、医学和体育装备。用聚合物熔体制备碳纤维基单向预浸料带的方法以及采用纤维工艺制作热塑性聚合物基碳纤维增强材料筒形产品的方法尚处在实验室研究阶段。目前，世界上合成了大量的热塑性（线性）聚合物——聚酮、多硫化物、聚砜、聚酰亚胺，它们的力学性能好、耐热性高，从作为基体用来制备增强材料的观点来看，是很有前景的。外国公司现工业规模生产这些聚合物中的某些聚合物并广泛使用在电子工程中。俄罗斯工业生产聚苯硫化物和聚砜，其余的聚合物通常是在实验室条件下生产且量很小。

在弹性模量和塑性变形极限方面，热塑性塑料与如今为制备增强材料主要聚合物的环氧黏合剂大致相同。同时热塑性塑料的极限变形也是很大的，达到 30%～100%，这就决定着耐热的热塑性聚合物的高抗裂纹扩展强度（分层的单位能量比多环氧化合物大致高一个数量级）、材料的高强度和其它使用性能。新型聚合物由于耐热性可在宽温度范围使用，例如，聚砜使用温度达 180～230℃，聚酮、聚醚亚胺、液晶聚醚使用温度达 250～300℃，聚酰亚胺使用温度达 500℃。此外，这些材料耐寒，可在低温条件下使用。也应当指出，耐热的热塑性塑料（在一系列情况下独特的）具有高化学稳定性和耐辐射性、良好的介电性能和小的蠕变。对涉及耐热热塑性塑料与增强纤维相互作用特性的耐热性热塑性塑料的性能研究得很少。众所周知，热塑性聚合物熔体的黏度比环氧低聚物的黏度高数百倍和数千倍，然而，很少看到这些聚合物熔体的流变学具体数值，实际上缺少聚合物熔体浸透纤维和纤维-热塑性塑料体系黏附强度的数据。对聚合物在很有限的纤维间空间冷却时结晶的条件及其对黏附强度的影响研究得少。外国公司"技术秘密"的内容是他们改善纤维与耐热热塑性塑料相互作用所使用的纤维表面处理方法。在这里，我们仅援引这样一个例子：在对碳纤维（XAS 和 XAS-12K）未专门处理时，材料的抗拉强度、抗压强度会降低 20%～30%，抗弯强度和抗剪强度几乎会降低 1/2。

　　尽管在世界实际应用中已研制出了一系列制备纤维表面活化的增强热塑性塑料工业工艺（例如，英国 APC - 1，APC - 2，ICI），浸渍这些纤维材料来制备预浸材料及其制品的问题远未解决，在这里需要的是新的方法和具体的研发。由于许多聚合物只能用很难除去的并可能形成生态问题的特种溶剂溶解，溶解工艺使用的前景就很小。聚合物熔体由于其黏度高很难渗透到纤维间空间，在这种情况下，用直接热压制方法就不可能浸渍纤维。这样所得到的材料气孔率就超过 10％，所以，需要研制能够保障自由放出气泡条件的新动态浸渍方法。解决这些问题一方面要求用计算机模拟，另一方面，要求多因素试验检验。

　　现存在几种实际可足以实现的用热塑性塑料连续浸渍纤维材料的工艺，这些工艺可制备各种不同形式的预浸材料（布、带、束丝）。在许多情况下，这些方法中使用的是丝束形式和薄膜形式的聚合物，这就有可能保障材料中组分含量的精确比例。遗憾的是，在俄罗斯国内的实践中，聚合物通常以颗粒和粉末形式制备。看来，在进一步研究时，较有效的是使用将由挤压机所供给的熔体聚合物或在静电场作用下由假沸层沉积在纤维上的粉末状聚合物涂抹在束丝材料上的方法。毫无疑问，必须发展薄膜纤维方法以及既制备"硬性"（浸渍）预浸材料，也制备增强纤维和基体纤维结合在一起的"柔软的"（未浸渍）预浸材料的工艺。

　　除直接压制外，在将预浸材料加工成制品的方法中，缠绕方法最能有效保障纤维一定的取向并有可能得到力学性能最高的材料。在这种情况下，这种方法类似于所谓的干法缠绕增强材料制品的方法，但是，它要求在成型区域对材料局部加热。为此，有前景的是使用热气流或红外激光辐射作为载热体。

　　耐热焦化的热塑性塑料和碳纤维基增强材料性能已研究得相当好。外国公司已开始生产的增强热塑性塑料工业试样具有高的综合物理力学性能。

　　聚醚醚酮基单向碳纤维增强材料的抗拉强度和抗弯强度与类似的环氧树脂基纤维增强材料相同，而抗剪强度接近极限可能值 $100 \sim 120 MPa$。高的使用性能，特别是耐热性也是这些材料特有的。在评定这类黏合剂进一步发展的可能性和发展方向时，应再一次强调，每一种具体的材料都需要专门的处理方法和具体的研究。

　　进一步研究的对象应是耐热热塑性增强材料在冲击载荷和循环载荷下的性状、抗裂性和持久强度，因为正是在这些参数方面，热塑性增强材料方可拥有对传统材料的本质优势。

　　在耐热的热塑性增强材料应用领域著名的公司——尼莫尔杜邦公司、通用电气公司、菲利普石油公司、联合碳化物公司（美国）制作了航天技术装备所用的制品。热塑性碳纤维增强材料用来制作"航天飞机"的宇宙飞船单独结构件（平台、发动机）、军用和民用飞机的各种零件、无线电电子仪器。此外，耐热的热塑性增强材料作为医学、汽车制造业和船舶制造业中的结构材料是很有前景的。热塑性增强材料用来制作碳/碳复合材料的领域还未最终确定，随着其生产的增大、成本的降低和在各种不同技术领域中使用经验的积累，碳/碳复合材料所用的热塑性增强材料的进一步应用将会扩大。

　　公认的是复合材料的性能取决于增强纤维的性能、基体的性能和决定纤维与基体黏结强度界面上的相互作用。增强的，而后碳化的碳纤维增强材料各种不同组分之间的连接强度由该复合材料可能产生的允许应力所决定，界面的强度也相应决定着纤维增强材料强度在材料中可能充分实现的程度。因此,研究聚合物–纤维结合黏附强度是研制聚合物基复合材料,然后研制性能给定并可实现的碳/碳复合材料,以及预测增强材料在各种不同条件下使用性能所必需的阶段之一。了解了聚合物–碳纤维和焦炭化基体–碳纤维界面上所需性能的形成特点,就可想象出,碳纤维增强材料性能和碳/碳复合材料性能是如何取决于基体和碳纤维的黏附连接的。这个问题对于碳/碳复合材料来说是极其重要的,因为在制备碳化的塑料时,要影响这个界面已经不可能了。

可武断地想象,碳纤维增强材料的强度与各组分黏附强度的关系可能有几个区域,在每一个区域中,黏附强度可能会从最小黏附力变化到最大黏附力。在这种情况下,武断地想象碳纤维增强材料和碳/碳复合材料的强度性能是极其复杂的。为了验证和分析,选择了能保障生成焦碳化基体所需残碳值的黏合剂(见表3.9)。

在黏合剂–碳纤维黏附强度相同的情况下,用酚醛环氧黏合剂和间苯环氧黏合剂所得到的视试验种类而定的强度值数据有较大差异。碳纤维增强材料的抗拉强度极限值比抗弯强度试验极限值小。由于抗拉强度正是碳纤维的决定性性能,这个结果是无法解释的。这个特性原则上说明了碳纤维为决定碳纤维增强材料结构复合材料性能的主要构件应用理由。

碳纤维的抗拉强度在单向碳纤维增强材料复合材料中实现30%～70%。在进行极其复杂的成45°缠绕时,碳纤维性能的实现率会降低到17.8%～47%。

对于单向试验来说,碳/碳复合材料中的碳纤维强度实现率降低到11.4%～44.5%;对于成角度的试验来说,碳/碳复合材料中的碳纤维强度实现率降低到8.2%～37.3%。

表3.9　黏合剂–碳纤维*黏附强度对碳纤维增强材料和碳/碳复合材料强度的影响

黏合剂	黏合剂–碳纤维黏附强度/MPa	碳纤维增强材料和碳/碳复合材料的强度极限	纱、束丝、带增强的环氧酚醛黏合剂和聚酰亚胺黏合剂基碳纤维增强材料		纱、束丝、带增强的环氧酚醛黏合剂和聚酰亚胺黏合剂焦碳基碳/碳复合材料	
			单向	成45°交叉	单向	成45°交叉
环氧酚醛黏合剂	41.5	抗拉强度/MPa	800～1 700	500～900	320～380	240～300
		抗弯强度/MPa	1 020～2 000	810～1 200	370～440	300～370
		抗压强度/MPa	740～1 200	530～800	860～1 045	860～1 045
环氧三酚黏合剂	41.0	抗拉强度/MPa	790～1 660	470～910	320～380	230～315
		抗弯强度/MPa	1 000～1 980	800～1 200	370～440	310～360
		抗压强度/MPa	700～1 210	550～800	860～1 045	860～1 040
聚酰亚胺(CΠ–6)	34.0	抗拉强度/MPa	850～1 600	510～950	340～390	280～330
		抗弯强度/MPa	1 050～1 890	840～1 320	395～440	320～390
		抗压强度/MPa	700～1 200	540～870	960～1 245	960～1 245

注:* 强度为2 800～3 200MPa,弹性模量为220～250GPa的碳纤维。

近 5 年来,出现了碳化黏合剂和金属有机络合物基碳/碳材料的信息。在三羟甲基酚盐镍络合物高温热解时查明,镍离子对涡流结构的碳基体形成起着催化作用。在锆络合物热解的情况下,在 1 000 ℃ 条件下会生成单斜晶二氧化锆和涡流碳,在 1 900 ℃ 条件下会生成碳化锆。一些研究者还研究了低聚物含锆复合物基热固性黏合剂的性能,以及碳纤维增强材料和碳/碳复合材料的性能,这些性能表明了在生产物理力学性能高和抗氧化性高的碳材料时使用这类黏合剂的前景。

在研制碳材料时,必须研制能保障在高温处理时生成给定结构碳基体并在基体中生成耐热和强碳化相或氧化相的黏合剂。目前,已开展以超分散富勒烯粉末为基础的新方向,这种超分散富勒烯粉末是闭环分子 C_n,式中 $n=60,70,80$ 以上,它们具有晶体结构并在 237 ℃ 温度下 ($n=60$) 熔化,但目前它们的制备工艺是复杂的并且效率低。

在 Е. Б. 特罗斯加斯卡娅论著中研究了塑料和复合材料中增强材料与聚合物基体接触区域的问题。该书作者将“区域”概念本身解释得比接触“界面”的概念宽得多。填充性塑料(填料在连续基体中分散分布)和复合材料(在连续基体中形成骨架的填料连续结构)是相分界面明晰的多相系。在接触区域中基体的成分、基体的结构都在变化着,出现厚度 30～60nm 的吸附层,这个吸附层是“多相聚合物材料的核心”。包括 Г. В. 萨加拉耶夫在内的研究人员将这种材料看作是三元结构,即填料-界面层-基体。界面区域的平衡结构是缓慢达到的,在吸附层中,主要是聚合物高分子组分,其大分子与表面垂直矫直并形成密度和刚度较高的层。如果聚合物结晶,那么,吸附层中被拉伸晶体的分数、晶相的体积就会增大,聚合物与增强材料的黏附力就会提高,同时,体系的弹性模量也可增大几倍。在刚性链分子熔体快速冷却时,就没有这种效应,在填料表面上的热固性塑料可能固化较快,未达到平衡结构,在填料与聚合物之间可能会出现特殊的相互作用,这就会对性能有积极的影响。

在热塑性聚合物结晶或玻璃化和热固性聚合物固化时,以及由于各组分热膨胀系数的差异,在密实的吸附层中就会产生残余应力。例如,在玻璃表面上的聚碳酸酯中产生达 50MPa 的应力,冷却和固化时基体的收缩会提高聚合物-填料相互作用的摩擦分力,可根据抗剪强度来评定增强材料进行表面上所有过程的贡献。为了定向调节接触区域的性能,用低分子性质的低分子物质对增强材料进行表面处理,将这些低分子物质称为上浆剂。上浆剂的用途是挤出表面上的水分、对表面疏水处理并改善基体的浸润。例如,如果用羰酸处理矿物填料,那么,聚烯烃基复合材料的抗冲击性就会增大一倍。在这种情况下,上浆剂的羧基与填料相互作用,而分子的脂肪族部分具有对聚烯烃的亲和力。分子中通常含有与增强材料表面化学相互作用基团和与基体化学相互作用基团的甲硅烷上浆剂类似作用。玻璃纤维和环氧树脂基复合材料中所使用的 g-氨丙基三乙氧基硅烷可作为例子。为了简化复合材料制备工艺,将上浆剂加入热固性塑料基体中的尝试由于低聚物和浆料的极分子竞争吸附而未能成功。可将具有对增强材料和基体亲和力的聚合物分子-镶嵌共聚物用作上浆剂,最有效的是梳状共聚物。例如,用聚二甲基硅氧烷和聚环氧乙烷的聚合物对玻璃纤维处理不仅会提高单向酚醛树脂或环氧树脂基复合材料的纵向强度,而且还会提高横向强度。为了提高碳纤维表面的极性和反应能力,使用了电化学氧化或电化学聚合单体,根据热固性塑料的性质选择单体,也采用环氧树脂或呋喃树脂对表面润湿,但是,在所有这些情况下,都不会成功地减小碳纤维增强材料的脆性——纤维和界面层中产生裂纹,并沿已固化的基体扩展。

已研制出了采用耐热热塑性塑料制备复合材料的工艺。而且为了提高与增强材料黏附力,建议使用单体在表面上聚合(甲基丙稀酸缩水甘油酯或甲基丙稀酸)和用黏度低的低聚物溶液浸渍束丝。热塑性塑料基复合材料中的纤维力学性能实现效率实际上比热固性塑料基体材料中的实现效率低,但热塑性塑料基复合材料中应力松弛较快,裂纹增大速度较小,将综合工艺和使用优点结合就使得热塑性塑料基复合材料成为有前景的材料。

这类数据无论是对研制聚合物基复合材料,还是对制备碳/碳材料来说都是必需的。对于复合材料的实际应用,以及对于了解它们的破坏机理来说,也必需基体-增强材料界面上所发生过程的数据。了解基体-增强材料这些界面中的性能和过程就能回答应力图将黏附力增大到何种极限,以便解决最大利用我们现有纤维增强材料强度的问题。根据理论计算,目前还未成功地找到解决聚合物基复合材料强度和断裂这个问题的答案。聚合物基复合材料强度与黏附强度的关系以及与碳/碳和碳/碳-碳化硅复合材料中界面形成的相互关系试验研究得很少。在文献中仅可找到所谓的表征这些性能和关系的相关关系。聚合物与纤维相互作用时的黏附强度取决于许多因素,即黏合剂的类型和成分、增强纤维的性质、使用和存放的温度等。因此,研制新型纤维和基体的年表与纤维-聚合物界面强度的研究年表相一致是很自然的。

依我们之见,受到注意的是测定增强材料与碳黏合剂相容性的方法。目前已解决了定量评定复合材料中增强材料与碳黏合剂的相容性程度的问题。这个方法的实质是制作两个试验毛坯件,其中一个用增强材料质量分数固定在5%～40%范围的块制作,而另一个用一种黏合剂制作,通过成型、焙烧和达到不低于1 800℃温度热处理途径制作而成。在将所制备的毛坯件粉碎、将所粉碎的粒子与软化的热塑性黏合剂混合、用磁场将粒子定向、用黏合剂固化成型试件后,进行测量试件的抗磁系数并测定其结构参数,根据用这些毛坯件所测量出的结构参数值测定黏合剂与增强材料的相容性程度。

3.2 刹车块所用的耐热聚酰亚胺聚合物基摩擦复合材料的研制

聚合物基摩擦材料广泛用来依靠摩擦离合器、摩擦传动装置、盘式制动装置、带式制动装置和块式制动装置以及减震器中主动构件与从动构件之间的摩擦力传递运动或改变其相对速度,这些材料应具有最有效的摩擦因数特性,除高效制动外,确定摩擦因数时也应考虑到材料在整个制动系统中的磨损。

由于大大简化了装置的结构、提高了摩擦部件工作的可靠性并增大了机器的寿命,采用聚合物基摩擦材料就会取得高技术和经济效益;降低修理费用、增大修理间的期限,就有可能节约相当大数量的金属;此外,还可腾出生产场地,减少所需的金属切削车床生产功率,改善劳动生态条件。

　　聚合物基摩擦材料广泛应用的原因是其使用性能相当好(使用压力、速度和温度范围内的摩擦因数值高并稳定,耐磨性合乎要求)、具有大众可接受的价格并制作简单。聚合物基摩擦材料制品的缺点是其由聚合物基体耐热性所决定的耐热性相对不高,这就将摩擦制品局限在温度达到 450℃,而压力达 8MPa 摩擦条件下使用。进一步提高复合材料的耐热性与用聚合物基复合材料制备碳/碳或碳陶复合材料有着必然联系。

　　刹车块是由两个部分组成的制品,它是由结构用途聚合物基复合材料制备的并压入到金属板中的摩擦片。这种摩擦片的厚度约为 6～10mm,而其几何形状取决于刹车系统的结构。在刹车系统工作时,刹车块会发生位移并使其紧贴刹车盘,因此,刹车块与盘摩擦时,刹车块中就会产生压缩应力和剪切应力。刹车块是使用在复合材料不均匀加热、产生热应力和与周围空气的氧气化学相互作用条件下的。

　　对在这种条件下使用的材料主要使用要求是耐磨性要高。耐磨性是一个综合特性,它取决于在该材料中一定物理化学性能、物理力学性能、热物理性能和摩擦测量性能的结合。这些性能相互作用,并取决于所采用的摩擦部件加载和运动学力学系统的结构。

　　作为制动装置材料的填充热塑性塑料主要由于摩擦耐热性不足而有使用限制。

　　摩擦材料的主要组分是填充热固性塑料。采用各种不同牌号的固化可熔性酚醛树脂作为主要类型的聚合物基体。在少有的情况下,采用由氨基-聚醚树脂和酚醛树脂制备的聚合物基体。众所周知,聚酰亚胺杂环聚合物基材料的耐热性最高。

　　目前,摩擦技术材料学正在加速发展,研制和应用摩擦部件所用的新型聚合物基材料对于提高机器和部件的质量、可靠性和寿命并大大降低其修理费用具有非常重要的现实意义。

　　众所周知,聚酰亚胺聚合物基复合材料在 196～400℃温度范围都保持着工作能力。大分子刚性及其链的极性与高密度闭链环结合就决定了大多数高分子线性聚酰亚胺的难熔性和不溶解性,它们的软化温度(390～430℃)接近分解温度(420～460℃),而且软化的聚酰亚胺黏度达 $7 \times 10^7 \sim 2 \times 10^8 \, \text{Pa} \cdot \text{s}$。

　　聚酰亚胺的不溶解性和难熔性就造成了用传统方法和标准设备制备增强聚合物方面的工艺问题,最可接受的分散性填料复合材料制备工艺是将聚酰亚胺粉末与填料粉末混合并在 400～450℃温度和 100～150MPa 压力下烧结成毛坯件,机加完成成品产品的制作过程。

　　在半成品填充和熔化阶段,在制品成型期间采用各种不同类型预聚物和低聚物添加剂。制品成型结束后,所采用的添加剂就完成了向高分子线性或网状聚酰亚胺的转化。然而,预聚物(聚酰胺酸、聚酰胺酯)和低聚物(寡胺酸、酰亚胺低聚物)仅在高沸点酰胺溶剂中溶解。

　　为了减小或完全排除在填充阶段应用高沸点溶剂并在一个浸渍周期保障所需的填充度,建议采用 PMR 工艺(单体试剂在填料表面聚合)。这个工艺的特点是将填料与未来聚酰亚胺初始组分混合物溶液混溶。如果采用低级醇作为溶剂,那么,它们的蒸发温度应与聚酰亚胺生成过程的阶段温度一致。在制品成型时所形成的较高温度条件下,网状聚酰亚胺生成的化学反应就会结束。

　　众所周知,目前,聚酰亚胺杂环聚合物基材料具有最好的耐热性。在它们基础上研制出了许多品牌的聚合物基材料。在俄罗斯已知有牌号为 CΠ(聚合物基材料科学研究所研制)和

АПИ-2(莫斯科齐奥尔科夫斯基航空工艺学院研制)的这种类型合成物。国外与所列举俄罗斯树脂类似的是 MR-11,MR-15,LARC-160。

熔化温度下的 АПИ-2 和 АПИ-3 填充酰亚胺低聚物黏度类似于酚压塑粉末的黏度($3×10^6～7×10^7$Pa·s)。与非填充酰亚胺低聚物相比,填料的参与缩短了黏滞流动状态的时间。如果是 АПИ-2 基复合材料,在 320～340℃温度下的黏滞流动状态时间会缩短到零,这就迫使分两个阶段成型制品:在 290℃温度下进行成型,而在 340℃温度下对制品固化。АПИ-3基复合材料是在制品的固化温度条件下在一个阶段成型的。根据所采用的填料,建议在 300℃温度和 10～20MPa 压力下压制 АПИ-3 基复合材料,加压和固化的时间取决于所采用的填料。在 300℃温度条件下,碳填料会将 АПИ-3 基复合材料中的黏滞流动状态时间从 9min 缩短到 4min,但不影响固化反应的持续时间。半成品松散度和填料的低导热性使得在初始固化阶段对其加热困难,在这个阶段提高有效活化能,填料的导热性及其粒子不对称性越高,固化初期的活化能就越接近黏合剂的活化能值。

在比较 АПИ-3 和 АПИ-2 基酰亚胺塑料的性能时,不管是在 20℃,还是在过高温度条件下使用糠醇作为酰亚胺生成单体组成中的改性活性组分都不会降低标准试件的力学性能。АПИ-2 和 АПИ-3 基酰亚胺塑料的强度指标类似于 20℃温度下的 ВПМУ-1 酚模压材料性能指标。与 ВПМУ-1 不同,АПИ 酰亚胺塑料耐热性高得多,甚至是在 350℃温度下它们仍保持 81%～82% 的初始抗弯强度、62% 的初始冲击韧性,而 ВПМУ-1 性能指标在 200℃温度下就已经降低了 50%。

因此,为了制作摩擦片,最合理的是使用 АПИ-3 合成物,因为这种合成物黏度比 АПИ-2 小,在制品固化温度下一个阶段成型并不管是在 20℃,还是在过高温度条件下都不会降低标准试件的力学性能。

以前,对于聚合摩擦材料来说最普及的增强组分是石棉纤维。由于具有高强度(达3GPa),石棉纤维就保障了高的力学性能和耐热性。在 400℃温度下,石棉纤维的强度仅仅降低 20%,在 700～800℃温度开始完全破坏。制动装置和离合器中的摩擦制品在正负交错热载荷(周期性加热和冷却)条件下工作。在这种情况下,用石棉增强会提高制品的抗破裂性。石棉具有清除摩擦表面脏物的能力,这就保障了高的摩擦因数值(达 0.8)。

由于对环境和人健康的有害影响,联合国教科文组织决定禁止在许多摩擦部件中使用石棉,这就产生了用其它生态纯净材料代替摩擦材料中石棉这一很重要的科学技术问题。

除了石棉外,可使用矿物(矿渣)棉作为增强组分。矿物棉在温度达 700℃都不会破坏,但是,由于脆性和组成中有损伤摩擦刹车盘表面的固体夹杂("金属珠")而被限制使用。也采用玻璃纤维、玄武岩纤维、碳纤维和其它纤维作为增强组分。

鉴于本专著的题材,即用聚合物基复合材料制备碳/碳或碳陶复合材料的题材,我们制备并研究了 АПИ-3 黏合剂和圆横截面 УКН-5 000 碳纤维填料的碳纤维增强材料复合材料。

与石棉填料不同,所选作聚合物基摩擦复合材料中主要填料的碳纤维填料保障了制品所需的摩擦性能和强度性能,并不会析出对人和环境有害的物质。УКН-5 000 碳纤维的性能在表 3.10 中列出。

当碳纤维质量分数为(30±2)％和 АПИ－3 酰亚胺黏合剂含量为(70±2)％时产品的性能见表 3.11。

表 3.10　УКН－5 000 碳纤维填料的性能

纤维批次号	纤维直径/mm	纤维直径偏差率/(％)	纤维抗拉强度/MPa	纤维抗拉强度偏差率/(％)	纤维拉伸弹性模量/GPa	纤维拉伸弹性模量偏差率/(％)
001	6.9	9.0	3 758	24.7	218	13.3
002	6.8	8.7	3 819	23.2	222	11.9
003	6.7	8.5	3 888	21.8	209	10.5
004	6.8	8.8	3 671	21.9	228	11.9
005	6.9	8.5	3 367	23.0	231	11.8
006	6.8	8.8	3 789	20.4	243	12.8
007	6.9	8.5	3 395	24.6	212	13.0
008	6.8	9.0	3 678	23.7	231	12.3
009	6.7	7.8	3 580	20.6	210	9.6
010	7.0	8.1	3 640	21.8	232	12.0

表 3.11　酰亚胺黏合剂基碳纤维增强材料制品性能

指标名称	值
密度/(g·cm^{-3})	1.9
摩擦方向的抗剪强度极限/MPa	53.0±4.9
与摩擦片平面垂直方向中的抗压强度极限/MPa	224.5±15.0
摩擦方向中的抗拉强度极限/MPa	82.7±2.3
摩擦方向中的抗拉断裂延伸率/(％)	2.3±0.4
弯曲断裂应力/MPa	128.4±4.0

3.3　电热用途碳/碳复合材料所用碳纤维增强材料的黏合剂成分的研制和制备

本节将介绍电热用途碳/碳复合材料所用的性能稳定性高的层状聚合物基碳纤维增强材料的研制。材料学领域碳纤维增强材料复合材料的现代成就在最重要的著作中得到了反映。

为了达到这个目的,建议了混杂填料的层状碳纤维增强材料组成:碳布＋分散石墨。带布增强材料的高强层状塑料通常使用热固性黏合剂,热固性塑料基层状板塑料主要是用压制制备。这种成型方法用(闭合式或开启式)压模在高压力和高温度下进行。压制方法使有可能得到稳定的厚度,并从塑料中最大地除去夹杂(空气、缩聚产物),同时,得到整体层状塑料,该塑料的参数在许多方面取决于布增强材料的类型。

碳纤维增强材料的性能、形状的稳定性和给定的使用性能在很大程度上取决于黏合剂浸渍过程和固化的特性和参数。

制作纤维塑料(短纤维或布)所用的热固性黏合剂组成通常包含低聚物、固化剂和增塑剂。根据所需要的碳纤维增强材料性能,组分的质量比在宽范围内变化。

在指定用碳纤维增强材料来制备碳/碳复合材料时,低聚物、固化剂和增塑剂的选择局限于进一步制备焦炭化基体的必要性。在选择黏合剂性能时,要打算保障解决下列主要问题:

(1)高抗裂纹形成和抗冲击载荷性。

(2)减少已固化塑料中由于基体和填料线性膨胀系数的差异而产生的应力。

(3)保障酚醛树脂基体对碳纤维表面所需的黏附性。

(4)将由于低聚物固化缩聚而产生的材料体积收缩率减小到最小。

为了解决这些问题,建议了附加加入具有所需性能,最主要的是在碳/碳复合材料制备的整个工艺周期内都能保持这些性能的分散填料。这类石墨填料的性能在表 3.12 列出。

浸渍碳布所用黏合剂的成分和要求分别在表 3.13 和表 3.14 中列出。

表 3.12　复合材料填料和基体物理力学性能的对比关系

指标	碳纤维增强材料			碳/碳复合材料		
	碳纤维	酚甲醛聚合物基体	石墨	碳纤维	碳化基体	石墨
拉伸弹性模量/GPa	40～50	2.4～3.1	5～10.3	40～50	20	5～10.3
拉伸极限变形/(%)	1.5	1.6～2		1.5	0.15	
直径或线性尺寸/μm	6～8		45～90	6～8		45～90
线膨胀系数/(10^{-6}K^{-1})	0.5	60～80	3～3.5	0.5	3～5	3～3.5
剪切弹性模量/GPa	6～10	0.8	4.1	6～10	8	4.1
泊松比	0.2	0.5	0.23～0.27	0.2	0.23	0.23～0.27
导热系数/[W·(m·K)$^{-1}$]	38～50	0.12～0.15	80～120	38～50	25～35	80～120

表 3.13　浸渍碳布用黏合剂成分

序号	组分	质量数	全苏国标,技术条件
1	低聚物 CФ-010	47	全苏国标 18634
2	乙醇	47	全苏国标 18300
3	乌洛托品	6	全苏国标 1381
4	石墨,粒级不超过 90μm (填料)	1,2,3 项每 100 质量数黏合剂含 10～20	技术条件 48-01-4 或全苏国标 4426,或 МПГ 技术条件 48-20-136

表 3.14　对浸渍碳布用黏合剂的要求

比电阻/($\mu\Omega \cdot$ m)	不超过 300 000
外观	均质
黏度/(Pa·s)	40～100/B3-4,全苏国标 9070
密度/(kg·m^{-3})	1 010～1 060
残碳值/(%)	不小于 45
干残渣/(%)	45～65,全苏标准 92－0903
存放期限/h	不超过 72

СФ-010 低聚物：乙醇：乌洛托品的比例不变化。这种比例反映了酚醛树脂最佳固化工艺的现状,在这种工艺状态下,

(1)复合材料的物理力学性能保持在高的和稳定的水平上;

(2)酚醛树脂的固化速度最小、聚合物三维网格密度最大,而聚合物网格中薄弱处的数量被消除;

(3)这类树脂的黏滞流动状态持续时间尽可能长。

宽范围内变化的黏合剂组成的组分是表 3.13 中 1,2,3 项每 100 质量数黏合剂含 10～20 质量数石墨。除石墨外,采用了炭黑(技术条件 14-106-357-90)作为碳分散填料。为了制备黏合剂采用了带搅拌器的装置,球磨机和炼胶机。

黏合剂的制备工艺由下列工序组成。

(1)将 СФ-010 树脂和细散碳一起磨碎成不超过 90μm 粒度成分,不少于 95%;

(2)在带搅拌器装置中用乙醇一起混合到用国标 9070 黏度计 B3-4 所测定的 40～100s 黏度;

(3)将所制备的混合物用炼胶机精炼到比电阻不超过 0.3$\Omega \cdot$ m。

3.4　含石墨黏合剂的热性能研究

用(匈牙利)MOM 公司 Ф. 帕乌里克、Й. 帕乌里克和 Л. 叶儿戴系统的衍射仪 ОД-103 对给定导电系数的黏合剂固化进行了研究。

热固性黏合剂固化的一般温度制度包含对压模加热的温度和最大温度,而升温速度、所需的保持时间应根据试验选择。这种研究的任务是确定完全除去溶剂(不超过 0.5%)所需的时间和温度以及固化开始的温度。

对不同黏度黏合剂的热重分析和差动热重分析数据处理结果分别在表 3.15 和表 3.16 中列出。研究时,对试样使用了两种加热速度——1.25℃/min 和 2.5℃/min。已查明,除去溶剂要持续到 343～348K,在超过 358K 的温度条件下,质量损失的速度增大、固化反应开始,同时出现明显的外效应。含石墨黏合剂的衍射仪差动热分析的数据在表 3.17 中列出。在固化

完成时试样的总质量损失为 4%～5.21%。

由已知的文献数据得出结论,在乌洛托品分解时所生成的二甲胺和三甲胺参与含有乌洛托品的 CΦ－010 酚醛树脂固化过程,所析出的氨起着催化剂的作用。可以假定,在超过 348K 温度条件下外效应的存在是由两维聚合物结构的生成和交联过程开始所造成的,交联过程在超过 403～408K 的温度下结束,不取决于黏合剂的初始黏度和加热速度。黏合剂的加热过程伴随得到 358～373K 范围内的初始外效应。(由于存在不可控加热源)从开启式压模中层叠中心和边缘上产生的温度差观点来看,显然,这个温度范围对于产生可能导致形成分层的内应力来说是最危险的。

导热系数高的细散石墨填料的作用对温度锋面沿整个材料体积的扩展有很好作用。

表 3.15 含石墨黏合剂的热重分析结果

黏合剂的黏度 B3－4/s	在如下温度(K)下的总质量损失/(%)																
	333	338	343	348	353	358	363	368	373	378	383	388	393	398	403	408	413
加热速度 1.25℃/min																	
40～60	0	0.3	0.65	1.05	1.35	1.75	2.35	3.15	3.8	4.15	4.35	4.5	4.6	4.65	4.7	4.76	4.75
60～80	0	0.15	0.45	0.7	1.01	1.46	2.16	3.11	3.81	4.36	4.66	4.76	4.96	5.04	5.11	5.16	5.21
80～100	0	0.05	0.35	0.45	0.65	1.01	2.26	3.0	3.51	3.81	4.1	4.35	4.51	4.58	4.64	4.65	4.67
加热速度 2.25℃/min																	
40～60	0	0.25	0.56	0.81	1.0	1.15	1.56	2.05	2.93	3.25	3.75	4.15	4.3	4.45	4.6	4.65	4.65
60～80	0	0.2	0.51	0.75	1.01	1.36	1.76	2.51	3.11	3.45	3.81	4.16	4.41	4.66	4.76	4.86	4.91
80～100	0	0.26	0.49	0.76	1.01	1.15	1.47	1.88	2.48	2.93	3.18	3.39	3.5	3.65	3.85	3.91	4.0

表 3.16 含石墨黏合剂的差动热重分析结果

黏合剂的黏度 B3－4/s	在如下温度(K)下的总质量损失/(%)															
	338	343	348	353	358	363	368	373	378	383	388	393	398	403	408	413
加热速度 1.25℃/min																
40～60	0.06	0.07	0.08	0.06	0.08	0.12	0.16	0.13	0.07	0.04	0.03	0.02	0.01	0.01	0.01	0
60～80	0.03	0.06	0.05	0.06	0.09	0.14	0.19	0.14	0.11	0.06	0.02	0.04	0.016	0.014	0.01	0.01
80～100	0.01	0.02	0.02	0.08	0.11	0.25	0.15	0.1	0.06	0.06	0.05	0.03	0.014	0.012	0	0.004
加热速度 2.25℃/min																
40～60	0.05	0.06	0.05	0.04	0.03	0.08	0.1	0.17	0.07	0.1	0.08	0.03	0.03	0.05	0.01	0
60～80	0.04	0.06	0.05	0.05	0.07	0.08	0.1	0.12	0.07	0.07	0.07	0.05	0.05	0.02	0.02	0.01
80～100	0.05	0.05	0.05	0.05	0.03	0.065	0.08	0.12	0.09	0.07	0.04	0.04	0.02	0.03	0.01	0.02

注:质量损失的最大速度专门标出。

表 3.17 含石墨黏合剂的衍射仪差动热分析结果

黏合剂 B3-4 的 黏度/s	在如下温度(K)下的总质量损失/(%)															
	338	343	348	353	358	363	368	373	378	383	388	393	398	403	408	413
加热速度 1.25℃/min																
40~60	0	0.15	0.8	4.75	9.5	5.0	2.1	2.2	2.9	4.0	6.1	4.8	2.0	0.7	0.3	0
60~80	0		0.5	3.2	6.5	8.25	3.25	1.7	2.0	3.5	5.1	4.2	2.5	1.2	0.2	0
80~100	0	0.1	0.25	2.0	5.0	8.0	4.8	2.0	1.7	2.25	3.6	3.0	2.0	0.7	0.1	0
加热速度 2.25℃/min																
40~60	0	0	0.3	0.55	0.75	3.0	6.0	2.5	1.1	1.2	2.25	3.0	1.0	0.3	0	0
60~80	0		0.75	1.4	3.0	5.5	7.0	3.0	0.9	2.0	2.5	1.0	0.6	0.3	0	0
80~100	0	0.3	0.85	2.0	4.2	7.75	7.0	3.0	1.5	1.85	4.0	2.0	0.85	0.3	0	0

注:最大温度差值专门标出。

导热性高的细散石墨填料的热效应有可能保障对导热性低的聚合物基复合材料体积快速加热。酚醛树脂的导热系数等于 0.23~0.27W/(m·K),而石墨的导热系数不小于70W/(m·K)。

根据差动热重分析数据(见图 3.2)和差动热分析数据(见图 3.3(a)(b)),发现了 358~373K(85~100℃)的质量损失速度与温度增大速度(外效应)相符的区域。在(388±5)K((115±5)℃)(表现不明显的)第二外效应区域,质量损失速度不大,或者一般说来不易看出。

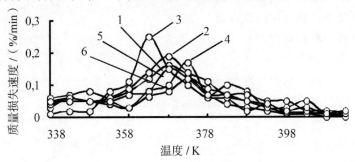

图 3.2 差动热重分析曲线

黏合剂黏度(s):1,4—40~60;2,5—60~80;3,6—80~100

因此,这就验证了在超过 358K 温度下低聚物交联过程开始的数据,交联过程在超过 373K(100℃)温度下持续(见图 3.3(a)(b))并在超过 408K(135℃)温度下结束。

应注意到在升温速度增大(见图 3.2)时外效应向较高温度区域位移的事实。

布纤维增强材料与黏合剂的结合在很大程度上决定着碳纤维增强材料的未来性能。所制备的复合材料质量,首先是其使用性能取决于黏合剂填充纤维间空间的方式和填充程度。浸渍过程的质量在很大程度上决定着可能给定的材料增强方式。

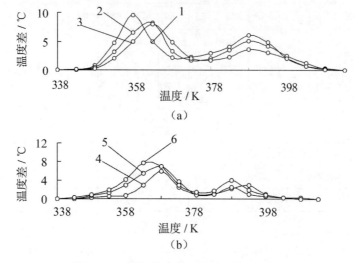

图 3.3　不同加热速度时的差动热分析曲线

(a)1.25℃/min;(b)2.25℃/min

黏合剂黏度(s):1,4—40~60;2,5—60~80;3,6—80~100

避免材料中存在所选成型方法固有的残留气孔和缺陷实际上是不可能的。

在本专著中,布预浸材料的制备工艺包括下列工序:

(1)在胶槽中浸渍性能给定的黏合剂;

(2)浸渍后压辊挤出的黏合剂;

(3)烘干浸渍好的布;

(4)卷成卷并随后剪成所需尺寸的片或带。

制备碳纤维增强材料所用预浸材料的质量指标公认为如下几项:

(1)低聚物质量分数,%;

(2)挥发物质量分数,%;

(3)低聚物含量沿布宽度的偏差,%;

(4)预浸材料的总气孔率,%;

(5)聚合物质量分数,%。

低聚物和挥发物的含量按照全苏国标 18694、全苏国标 1235 测定,低聚物含量的偏差用计算方法测定。

用混合黏合剂在胶槽中浸渍布的第一阶段是最重要的。使用了黏度为 40~100s 的黏合剂(按照全苏国标 9070 用 B3-4 黏度计测定了黏度),布在胶槽中的逗留时间为 180~200s,

浸渍后黏合剂的质量分数为 60％～70％,浸渍机理是毛细管渗液法,挤压后黏合剂的质量分数减小到 45％～55％。

预浸材料的烘干是在加热器表面上 348～358K 温度条件下进行的。烘干后的混合填料成品预浸材料质量指标如下：

(1)低聚物质量分数为 42％～50％;

(2)挥发物质量分数为 1.2％～3.3％;

(3)低聚物含量沿布宽度的偏差为±3.2％;

(4)预浸材料的总气孔率 4.7％～10.3％;

(5)聚合物质量分数 3.7％～8.1％。

按照舒泊尔方程,液体毛细管增大速度的算式具有如下形式：

$$\frac{\mathrm{d}h}{\mathrm{d}\tau} = \frac{\sigma r\theta}{4\eta h}$$

式中,h 为液体增加高度;τ 为时间;σ 为表面张力;r 为毛细管的半径;θ 为浸润的角;η 为动态黏度。

这个方程可在给定浸渍介质和纤维增强材料性能条件下确定毛细管浸渍的时间。

在研究布增强材料在带有黏合剂(含细散石墨酚树脂)浸渍胶槽中的浸渍过程时查明,毛细管浸润机理能够保障浸渍的质量。将所选碳布直接浸入黏度为 40～100s 的黏合剂中的方法就能够在 45～50s 内将它们的质量增大 45％～55％。在将增强材料在胶槽中的逗留时间增大到 180～200s 的情况下,质量的增大(黏合剂含量)会达到 60％～70％,并在以后浸渍时间达 300～350s 情况下已经不会再变化。

图 3.4 所示为制备布预浸材料的装置原理图。

在 563～573K 和相对湿度达 70％的条件下,布预浸材料的存放期限不超过 7 昼夜。

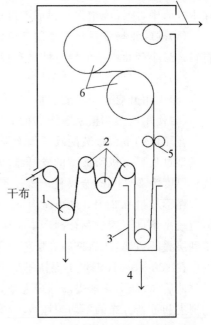

图 3.4　卷状预浸材料制备装置示意图
1,6—导辊;2—调节辊;3—浸渍胶槽;
4—沉浸辊;5—挤压辊

3.5　制作板和壳体所用的层状混杂填料碳纤维增强材料成型制度的制定

采用片状布填料制作热固性黏合剂基碳纤维增强材料以及制品的尺寸和对制品电性能和强度性能的高要求就决定了成型方法——对板直接热压制,对壳体用弹性隔膜真空气压釜固化。

压制过程和真空气压釜的主要特性是温度和压力随时间变化,而对于真空气压釜来说隔膜下的真空度也变化。

这些参数应随时间变化,这样就会保障结构要求、技术要求,同时这些参数在经济上应是合理的。采用了 Π−479,ДА−2238,ДА−2240 型压机和 АΠ−40,АΠ−20 气压釜来成型。在本专著中,碳纤维增强材料成型过程的决定性特点如下:

(1)碳纤维增强材料用来制备单位经济价格低和耐热强度等级足够的混杂填料碳/碳复合材料。最小变化水平的导电性具有特别意义。

(2)保持厚度差±12.5%、翘曲≤6.5mm 范围内的几何尺寸和形状,圆度偏差≤5mm。

(3)采用开启式压模成型板。

(4)使用石墨芯模来缠绕直径不超过 570mm 的壳体。

在压机的下台板装配碳纤维增强材料板层叠或安置制品并接通气压釜真空系统后就开始了成型过程。压机所成型的碳纤维增强材料板层叠高度不超过 100mm,而且每过 18~20mm 放置厚度为 2~3mm 金属板。气压釜所成型的制品具有排流层,而后是弹性密封隔膜层。

在不超过 0.2MPa 最小压力下进行 288~338K 加热初始阶段。在黏合剂逐渐软化时压力值较高条件下就对黏合剂产生挤压,挤压带有极其不均匀的特性——黏合剂由中心区域挤压到层叠的边缘,然后挤压到层叠范围外。

在 338~343K 温度下保持不少于 0.5h,直到层叠边缘上黏合剂"硬化"为止。

此后,将压力逐渐提高到最大值,并且保持不少于 3h。逐渐提高压力就会靠挤压将黏合剂损失和重新分布的不均匀性减小到最小限度。在最大压力和 338~343K 温度条件下,完成一次预压并随后重复保持,要求 1mm 制品厚度保持 1h。

343~353K 加热范围、在 343~353K 温度和全压力下的保持时间就完成了黏合剂转为可凝酚醛胶脂阶段并最大平衡了碳纤维增强材料制品(层叠或壳体)整个体积的温度。完全固化是在加热到 433K 时进行的,并随后每 1mm 制品厚度保持 0.5h。平缓冷却到 313~318K,随后每 1mm 制品厚度保持不少于 1h 并进一步冷却到 288K 就完成了成型过程。

到 313~318K 的固定冷却速度(不超过 10℃/h)和保持时间保障了对形状和给定翘曲要求的保持,同时既排除了碳纤维增强材料中分层的产生,也排除了混杂填料碳/碳复合材料中分层的产生。

各种不同种类设备(压机、气压釜)所用的制品固化制度列于表 3.18 中。

表 3.18　混杂填料制品的固化制度

工艺工序	温度/K	时间/h	压力/MPa	加热/冷却速度/(℃·h⁻¹)
加热	288~338	≤10	0~0.2	≤5
保持	338~343	≤0.5	0~0.2	0
保持	338~343	3~5	C	0

续表

工艺工序	温度/K	时间/h	压力/MPa	加热/冷却速度/(℃·h^{-1})
预压	338～343		C—0—C	0
保持	338～343	A*	C	0
加热	343～353	3～5	C	≤5
保持	343～353	≤1	C	0
加热(固化)	353～433	≤7	C	≤10
保持	433～443	B*	C	0
冷却	443～313	≤10	C	≤10
保持	313～318	A*	C	0
冷却	318～288	≤3	0	不规定

注:A*—每 1mm 厚度保持 1h;B*—每 1mm 厚度保持 0.5h;C—固化压力,MPa,该种类设备尽可能大的压力。

3.6　不同成型方法所用混杂填料碳纤维增强材料的性能

　　成型过程优化结束的重要结果是,在完成压制制度所有参数和成型混合物组分相同的条件下,碳纤维增强材料的性能以及几何形状的再现性足够高。

　　由此可以做出结论:所确定的成型制度考虑到了从填充增强低聚物混合物阶段到制备给定形状和尺寸混杂聚合物基复合材料的相变性质和特点。

　　这种结果就能转入到优化碳纤维增强材料组成的阶段。针对板和圆筒所选的和所研究的成型混合物组成在表 3.19 中列出。

　　在研究成型混合物组成的影响时发现,在石墨质量分数为 0～10% 的条件下,碳纤维增强材料抗拉强度极限(σ_p)处在下水平(32～50MPa),线性膨胀温度系数处在上水平(7.2～8.0K^{-1})。

　　当石墨质量分数在 12%～18% 范围内,线性膨胀温度系数处在下最小水平 6.3～6.7K^{-1} 时,得到了抗拉强度的最高值 σ_p＝52～58MPa。

　　进一步将石墨质量分数增大到 19.7%～20% 就会伴随 σ_p 降低到 47～53MPa,同时,线性膨胀温度系数增大到 6.7～7.0K^{-1}。

　　因此,12%～18% 的石墨质量分数是最佳的。

　　成型混合物的组成(见表 3.19)对碳纤维增强材料圆筒性能和几何尺寸的影响在表 3.20 中列出。

表 3.19　成型混合物的组成

实例序号	混合物质量分数/(%)					
	СФ－010 聚合物	УРАЛ－Т－22 碳布	ТГН－2М 碳布	ВПР－19С 纤维	石墨	碳黑
1	40		40		20	
2	39		43		18	
3	35		50		15	
4	36			52	12	
5	38			47	15	
6	30			60	10	
7	40	40.3				19.7
8	38	42				20
9	35	49				16
10	36	50				14
11	36.8	46				17.2
12	30	59				11
13	50		38		12	
14	29			62	9	
15	40			60	8	

表 3.20　壁厚为 3mm,6mm,10mm 混杂填料碳纤维增强材料圆筒的性能

(表 3.19) 实例序号	指标				
	线膨胀系数/(10^{-5}K^{-1})	$\lambda/[\text{W} \cdot (\text{m} \cdot \text{K})^{-1}]$	σ_p/MPa	* $\delta/(\%)$	* Д/mm
1	7.0	0.87	51	±8.3	4.3
2	6.4	0.92	54	±7.4	3.7
3	6.3	0.93	57	±5.2	4.8
4	6.4	0.93	58	±7.0	2.4
5	6.7	0.87	52	±6.2	3.2
6	7.2	0.84	50	±10.8	2.5
7	6.7	0.87	47	±9.2	4.1
8	6.8	0.83	53	±7.9	2.7
9	7.0	0.90	55	±8.4	3.8

续表

(表 3.19)	指标				
实例序号	线膨胀系数/$(10^{-5}\mathrm{K}^{-1})$	$\lambda/[\mathrm{W}\cdot(\mathrm{m}\cdot\mathrm{K})^{-1}]$	$\sigma_{\mathrm{p}}/\mathrm{MPa}$	$^*\delta/(\%)$	$^*Д/\mathrm{mm}$
10	7.5	0.84	54	±7.2	4.4
11	7.0	0.91	50	±10.3	1.0
12	6.9	0.82	49	±12.0	3.7
13	7.6	0.76	46	±11.4	3.0
14	7.8	0.74	40	±9.7	4.2
15	8.0	0.70	32	±14.8	8.2

注：$^*\delta$—厚度差；$^*Д$—圆度偏差。

譬如说，在表 3.19 第 15 号组成(不含石墨)中，得到的厚度差为 ±14.8mm，而圆度偏差为 8.2mm。对于其余的组成(石墨质量分数为 9%～12%)来说，厚度差为 ±5.2～±12mm，而圆度偏差为 4.8～1.0mm。因此，加入石墨就将厚度差减小了 9/14～5/6，而将圆度偏差减小了 7/17～36/41。

在成型混合物组成中加入 12% 石墨对碳纤维增强材料板的几何尺寸的影响在表 3.21 中列出。

表 3.21　混杂填料碳纤维增强材料板的几何尺寸和翘曲

指标，尺寸		板的尺寸/mm				
		1 100×530×2	1 100×530×3	1 100×530×6	1 100×530×10	1 100×530×3
		石墨质量分数/(%)				
		12	12	12	12	0
实际厚度/mm	最小	1.75	2.70	5.35	9.00	2.50
	最大	2.25	3.30	6.65	11.00	4.00
	偏差	±0.25	±0.30	±0.65	±1.00	−0.05～1
翘曲/mm (全苏国标 25500)	最小	0.5	0.5	0.3	0.25	2.7
	最大	6.5	6.0	4.9	4.3	9.4
	平均	5.7	4.7	4.1	3.9	7.4

不含石墨、给定厚度为 3mm 的板的偏差为 −0.5～1mm，而翘曲偏差为 7.4mm。同样给定厚度为 3mm、含石墨的板具有 ±0.3mm 偏差，而翘曲偏差达 4.7mm。因此，含石墨的板(额定)给定厚度为 3mm 厚度偏差小 5/8，或 23/33，而翘曲水平小 5/8。对于含石墨然而是其它额定厚度的板来说，所得到的关系依然适用。成品制品中材料的物理化学性能和强度性能的

变化是评定所研制复合材料组成及其制备工艺完善程度的不可分割部分。为此,将板剪成尺寸为 250mm×250mm 的块,然后用每一块制作测定密度、气孔率、聚合物含量和固化度、抗剪强度极限以及抗弯强度极限的试件,每一性能的试件数量不少于 5 个。在表 3.22 中给出了测定变化范围的数据、平均值和极限值相对平均值的百分数变化值。采用仪器灵敏度为 1∶10dB 和额定频率为 1.8MHz 的 УД2-12 超声波探伤仪测定了碳纤维增强材料中分层,分层占板总面积的百分数数据在表 3.22 中列出。对所得到数据的分析表明,在密度和气孔率水平相同的情况下,给成型混合物加入石墨,就从实质上减小这些参数的变化。譬如,对于厚度(2mm)相同的板来说,加入石墨就会将密度和气孔率的变化减小 2/3~37/47、将聚合物含量和固化度的变化减小 1/2~43/53。在各种不同厚度的含石墨板中未发现分层。强度性能的增大为:抗剪强度极限增大 20%~33%,抗弯强度极限增大 7%~11%。加入石墨对强度性能的变化有较实质的影响,抗剪强度极限减小 17%~52%,抗弯强度极限减小 7%~44%。

表 3.22　混杂填料碳纤维增强材料板的性能

指标	板的尺寸/mm				
	1 100×530×2	1 100×530×3	1 100×530×6	1 100×530×10	1 100×530×2
	石墨的质量分数/(%)				
	12	12	12	12	0
密度/(g·cm⁻³)	1.30~1.32/1.31	1.28~1.31/1.29	1.26~1.30/1.28	1.26~1.30/1.28	1.26~1.33/1.30
密度偏差/(%)	+7.60 −7.60	+15.5 −7.75	+15.60 −15.60	+15.60 −15.60	+23.10 −30.10
气孔率/(%)	2.7~4.2/3.4	2.6~5.0/3.4	2.6~5.0/3.9	2.4~4.9/3.8	1.4~7.8/3.7
气孔率偏差/(%)	+23.5 −20.6	+47.0 −23.5	+28.2 −33.3	+25.6 −38.5	+110.8 −73.0
聚合物含量/(%)	35.0~38.0/36.5	36.0~42.3/40.0	35.0~41.0/37.0	36.0~42.0/39.0	32.0~41.0/37.0
聚合物含量偏差/(%)	+4.10 −4.10	+5.75 −10.00	+10.80 −5.40	+7.70 −7.70	+10.80 −13.50
固化度/(%)	94~96/95	94~98/96	90~97/95	90~97/94	90~97/95
固化度偏差/(%)	±1.05	+2.80 −2.10	+2.10 −5.30	+3.20 −4.25	+2.10 −5.30
分层面积/(%)	0	0	0	0	7.0~35.0/17.4

续表

指标	板的尺寸/mm				
	1 100×530×2	1 100×530×3	1 100×530×6	1 100×530×10	1 100×530×2
	石墨的质量分数/(%)				
	12	12	12	12	0
抗剪强度极限/MPa	5.7～7.4/6.4	5.4～6.8/5.9	5.3～6.4/5.8	5.8～7.0/6.3	4.0～5.7/4.8
抗剪强度极限偏差/(%)	+15.6 −10.9	+15.2 −9.5	+10.4 −8.6	+11.1 −7.9	+18.7 −16.6
抗弯强度极限/MPa	102～123/109	101～127/110.5	97～118/107	94～116/105	87～116/98
抗弯强度极限偏差/(%)	+12.8 −6.4	+14.9 −8.6	+10.3 −9.3	+10.5 −10.5	+18.4 −11.2

注:分母表示所测数据的计算平均值。

第4章 碳/碳和碳/碳-碳化硅复合材料中基体的制备工艺研究和设计

4.1 碳纤维增强材料碳化过程的研究和设计

物理化学性能类似于碳纤维的碳基体能保障碳/碳复合材料的耐热性,并能够在复合材料中最充分实现碳纤维的性能。

力是借助碳基体传递到到纤维上的,碳基体防护纤维受外部介质的作用,将纤维相互隔离,同时形成纤维相互剪切的阻碍。

碳基体的制备方式决定着碳/碳复合材料的结构和性能。得到最广泛应用的有两种碳基体制备方式,即聚合物基体碳化和制品碳纤维预制体气孔中气相沉积热解碳。

这两种方式都有各自的优点和缺点,因此,在研制碳/碳复合材料时,将这些方式组合,以便使复合材料具有所需的综合性能。决定碳陶复合材料结构和性能的碳陶基体制备方式相当多,其中主要采用残碳值超过 50% 的可焦炭化的聚合物作为研制碳/碳复合材料的初始聚合物。

目前,最普及的焦化聚合物是酚醛树脂(残碳值为 54%～60%)、聚酰亚胺树脂(残碳值为 63%～74%)、有机硅酸盐树脂(残碳值为 84%～87%)和低聚苯并咪唑树脂(残碳值为 70%～73%)。

目前,制备碳/碳复合材料基体的初始聚合物主要是用经验方法选择。实际上,用碳化方法由聚合物所制备的所有材料都是纯碳,然而,在一系列物理性能方面,这些材料的差别通常是很大的,而且这些材料通常属于这个晶格的不同同素异形状态。

例如,由聚丙烯腈聚合物和介晶沥青制备的碳纤维弹性模量是极其不同的,而且由聚合物所制备的碳材料是单独种类的称为玻璃碳的材料。部分聚合物原料在较深热处理时可得到相当容易转化成类似石墨态的残焦炭,其结构很接近天然石墨。由于碳化,其它聚合物也能提供这种结构碳,无论在何种条件下这种结构都不可能转化成类似石墨态。当然,所有这一切都是与残焦炭空间碳网格的各种不同结构特点相关的,而这些特点主要取决于从聚合物结构到碳结构转化的初始阶段。这种转化可以以不同方式进行,例如,用自然状态下的数百万年内或在严格的专门温度制度下几个小时内变质的方式。

碳材料的特点是只能采用数量有限的几个方法来研究它们的结构。到目前为止,最普及的研究是用 X 射线分析,而且在某些情况下借助拉姆马诺夫斯基激光散射的研究。近年来,开始更多地出现了在固体中采用高分辨率的核磁共振光谱学的数据。然而,由于方法本身的特点,得到性能接近石墨的碳材料光谱特性是极其困难的。例如,到目前为止,在文献中还没有介绍过石墨或碳石墨纤维的试验光谱。

只有深刻了解聚合物碳化过程的热化学,才能在制备性能较高的碳/碳复合材料方面有质的跨跃。因此,甚至是在这方面的纯科学研究也都具有大的实际意义。

众所周知,碳材料(其中包括纳米结构的碳材料)既可通过在气相中热解有机化合物途径制备,也可通过在固相中发生热化学反应的途径制备。在气相中碳化时生成各种不同的碳结构,从有催化粒子时的热解碳到碳纳米纤维、碳纳米管、石墨化纳米纤维和纳米管。在气相中热分解时也生成像活性碳、碳分子筛、纳米晶体结构——碳纤维和玻璃碳这类纳米多孔碳结构。任何一种结构的制备都取决于碳化条件——过程的加热速度、前体的密度和类型、催化剂的参与等。在碳/碳复合材料成型时,残焦炭的制备过程具有可控碳化条件下所成型碳复合材料选气膜制备过程共同的规律性。有研究者详细研究分析了最普及的并可用来制备气体隔离膜的聚合物前体(酚醛树脂、聚酰亚胺树脂和其它一些树脂),不同公司的商业衬底(例如,俄罗斯所生产的)、在衬底上涂抹前体的各种不同方法和进行预先处理、热解/碳化和最终处理的条件。

对于制备结构碳/碳复合材料或碳/碳复合材料来说,最有前景的依然是酚醛树脂。这就是线型酚醛树脂(低聚物,牌号 CΦ-010A,酒精溶液,全苏国标 18694—80)和可溶性酚醛树脂型(低聚物,牌号 CΦ-340A,酒精溶液,全苏国标 18694—80)。低聚物酚醛树脂和黏合剂溶液的特性如下:

(1)CΦ-010A 酚醛树脂(按照全苏国标 18694,1~6 变更):不溶解杂质质量分数不超过 0.03%,滴点 95~105℃,游离酚质量分数约为 7.0%,水质量分数不超过 1.5%,聚合时间约为 110s,用 B3-4 黏度计测定的黏合剂黏度为 30~70s。

(2)甲阶酚醛树脂 CΦ-340A(按照全苏国标 18694,1~6 变更):不溶解杂质质量分数不超过 1.8%,滴点-90~110℃,游离酚质量分数约为 4.0%,水质量分数不超过 1.5%,聚合时间约为 110s,用 B3-4 黏度计测定的黏合剂黏度为 30~70s。

所选的低聚物是用来制备碳/碳复合材料的,且是目前正在广泛应用的最初低聚物。借助 X 射线衍射方法并采用库克 α 辐射和电子扫描显微分析就可在 S-570 仪器(Hitachi)上研究聚合物初始试样和碳化后试样的结构。对碳化后试样结构的分析证明,聚合物前体与碳纤维填料的结合方式对它们的结构特性有相当大的影响。绝大多数研究者强调,这个过程对制备碳纤维增强材料和制备力学强度高的碳化碳纤维增强材料有一定的影响。在将碳纤维与低聚物溶液或熔体结合时,会发生多孔结构碳纤维饱和低聚物的过程。在这种情况下,碳纤维的多孔结构对于其最佳浸渍黏合剂溶液或熔体来说具有决定性作用。浸渍黏合剂熔体次数、所制备的碳/碳复合材料的多孔结构和性能之间都有着相互联系。目前,已制备出了性能相当高的碳/碳复合材料。然而,本书第 3 章表 3.3 中所列出的数据表明,纤维强度极限在碳纤维增强材料中仅实现了 30%～40%,而弹性模量仅实现了 50%。在制备已碳化的碳纤维增强材料时,纤维强度性能的实现率还要减少 1/2～2/3,就目前俄罗斯生产的最好的碳化碳纤维增强材料而言,实现率不超过 10%。世界最好的碳/碳复合材料制造商的这个问题状况要好一些。

目前,酚醛树脂是广泛普及的树脂,对于制备碳/碳和碳/碳-碳化硅体系的复合材料来说是比较便宜的聚合黏合剂。酚醛树脂基材料具有很高的技术经济潜力。在酚与甲醛相互作用时,根据介质的 pH 值会生成彼此完全不同的线型酚醛树脂和可溶性酚醛树脂。线型酚醛树脂在酸性介质中制备。这主要是线性结构的热塑性(可溶解并在达 200～250℃ 熔化的)低分子($M \approx 2\,000$)树脂,分子中没有能起反应的基团,它们只能借助固化剂(这一般是乌洛托品)固化。可溶性酚醛树脂是在碱性介质中,通常是在甲醛过剩条件下制备。它是热固性低分子树脂,分子含有能起反应的基团 CH_2OH。加热时(或在酸作用下)会生成交联的不溶解和不熔化聚合物(丙阶酚醛树脂),在相当高的温度 270～290℃ 下就已经生成各种各样结构的丙阶酚醛树脂。

酚醛树脂在结构和组成方面与某些种类的碳明显相似,并很适合碳化。这些树脂中杂氧原子的存在影响着碳化的特点。在参与脱氢反应、脱水反应和部分脱羧基反应时,氧会加速中间键桥、交联键的生成,从而在对聚合物热处理时影响其交联。已查明,不管碳化是在何种气氛、在氧化或惰性介质中进行,由于酚醛树脂中氧含量高,过程总是带有热氧化性质。根据大多数研究者的数据,在完全固化后,所有酚醛树脂在热处理时的性状几乎是相同的。由所列出的属于质量和体积变化的数据可得出结论——热破坏分三个阶段发生。在第一阶段(约 300℃),聚合物几乎不变化,分解析出的气体产物量仅为 1%～3%,主要析出水和以前未反应完的酚和甲醛。在 300～600℃ 温度范围内析出主要部分气态产物(水、甲烷、一氧化碳、二氧化碳、酚和其它)。根据红外线光谱数据,在 300～600℃ 温度范围内,羰基和羧基就开始聚集。当对线型酚醛树脂在氮气流中热处理时,有研究者观察到了质量损失的两个主要阶段发生在 400℃ 和 550℃ 温度下。在温度高出 600℃ 时就出现相当大的结构变化,同时析出物理水、二氧化碳、甲烷、酚和苯,并成型微型多孔结构。当热处理(包括我们的研究中所采用的酚醛树脂在内的)树脂溶液时,在加热到 150℃ 的固化阶段就已经出现了试样质量的不断变化,而且甚至在 100℃ 温度时就出现最大损失,这主要的原因是溶剂和水的排出。为了制备已碳化的复合材料,既采用可溶性酚醛树脂,也采用线型酚醛树脂。应当指出,热塑性线型酚醛树脂的固化速度要比热固性可溶性酚醛树脂的固化速度高。当再处理时,可溶性酚醛树脂能长时间保持黏流态,这就要求选择制备碳化碳纤维增强材料的特殊条件。作为前体的酚醛树脂的优点是,密实组织结构的强碳化碳纤维增强材料可在 600～800℃ 温度范围内碳化时制备。酚醛树脂碳化后的高残碳率、不高的价格和易获得性就使其依然是长时间内有前景的材料成为可能。

除了聚合物前体的性能(例如动态黏度)外,碳纤维增强材料的初始多孔结构是影响碳化碳纤维增强材料中过渡层形成的主要因素之一。制备碳纤维时,多孔结构的形成不是规定的参数,而是制备所需强度和弹性模量碳纤维的结果。可通过图 4.1 研究聚丙烯腈碳纤维的结构模型。复丝断面放大 1 500 倍,3 000 倍和 20 000 倍的碳纤维结构如图 4.2 所示。

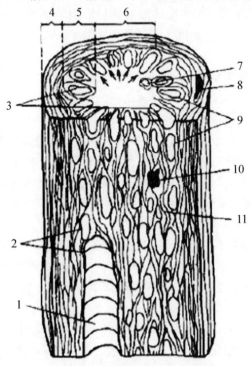

图 4.1 聚丙烯腈碳纤维结构模型

1—有缺陷的腔;2—夹杂和有缺陷腔过渡处的边界层结构;3—应力集中过渡区;4—承载壳层;
5—径向取向的中间层;6—核;7—相对小尺寸的细孔;8—决定性线性尺寸的缺陷;9—有序结构段;
10—无机夹杂;11—沿纤维母线定向的结构

×1 500   ×3 000   ×20 000

图 4.2 放大 1 500 倍,3 000 倍和 20 000 倍的碳纤维结构

碳粉末和碳纤维的多孔结构是单模态的，它由 $0.6\sim10\mathrm{nm}$ 尺寸的细孔构成，按尺寸分布的曲线很细小。在浸渍由众多数量单碳纤维（例如东丽牌碳纤维粗纱）组成的碳束丝（粗纱）时，必须考虑到碳粗纱的多孔结构。应当指出，当孔平均有效直径不超过 $0.2\mu\mathrm{m}$ 时，谈论表面碳化层（也就是说，在束丝表面上直接形成层时）是错误的，因为随着孔直径增大超过 $0.1\sim0.2\mu\mathrm{m}$，就会出现酚醛树脂向束丝或粗纱细孔中渗透加大，因而得到以下两种碳化特征区域就变得完全有可能。

第一种区域——得到渗透到束丝（粗纱）中最小的层，也就是说，尽量直接在碳纤维束丝或粗纱衬底表面上形成层；

第二种区域——在碳纤维束丝或粗纱衬底的多孔结构中形成密实的碳化层。

为了研究表面孔尺寸对碳纤维增强材料碳化基体强度性能的影响，在 $\alpha - \mathrm{Al_2O_3}$ 基陶瓷衬底上进行了研究。这种衬底的选择取决于制备加入氧化铝合金元素的碳陶复合材料的可能性。渗铝制品能承受达 $1\,000\,^\circ\mathrm{C}$ 的加热，不会受到腐蚀。特点为特轻和强度大的铝合金被应用在热交换器生产中、飞机制造业和机器制造业中。氧化铝 $\mathrm{Al_2O_3}$ 是熔点为 $2\,050\,^\circ\mathrm{C}$ 的白色物质，氧化铝拥有两性属性，但在水、酸和碱中不溶解。

用来研究的表面孔平均尺寸为：1 号衬底 $3.5\sim4.0\mathrm{nm}$，2 号衬底 $40\sim47\mathrm{nm}$，3 号衬底 $0.18\sim0.27\mu\mathrm{m}$，4 号衬底 $4.0\sim5.0\mu\mathrm{m}$，5 号衬底 $33\sim47\mu\mathrm{m}$。在所列出的衬底上（采用 CФ-010A 牌号的线型酚醛树脂作为涂层的材料）制备了碳化涂层。在 1～5 号衬底上用浸渍方法实施了涂抹涂层材料。

在 1 号和 2 号衬底上制备了带有第一种区域特点的表面碳化涂层。对于这类涂层来说，在任意力学作用下都出现了碳化层破裂，直至剥落。由所得到的结果可做出碳化层与衬底黏附力不足的结论。我们认为，这原因是，在涂抹酚醛树脂涂层材料时，聚合物没有渗透到衬底孔中。造成这个现象的原因是气孔的当量直径尺寸对于渗透现有黏度的聚合物来说太小了。

在 3 号衬底上制备了与衬底黏附性很好的碳化涂层。层的厚度为 $(50\sim60)\mu\mathrm{m}\sim(120\sim150)\mu\mathrm{m}$（同时，在进行涂抹酚醛树脂工序时涂层材料的厚度能很好地目视控制）。所形成的碳化涂层相对 1 号和 2 号衬底上的结果来说具有高的力学强度，同时具有相当高的对衬底的黏附力。

在 4 号和 5 号衬底上直观地观察到聚合物渗入到衬底的气孔中。聚合物渗透到衬底中相当深，因此就形成第二种形式的碳化层。在 5 号衬底上，所形成的碳化层厚度可达到数百微米，所形成的碳化涂层强度高。

应单独研究、分析在 4 号衬底上制备碳化涂层的情况。在制备碳化涂层后，为消除涂层的缺陷，在涂层上涂抹第二层低聚物层并随后按采用的碳化制度碳化。已查明，在这个衬底上这种方式至少是不可能的。第二层在碳化后就掉落了，这大概（与 1 号和 2 号衬底类似）的原因是第一层碳化层的表面气孔尺寸小，这就导致第二层对第一层的黏附力不够。我们也研究了带附加中间层的衬底。所得到的结果表明，两种形式的衬底多孔结构（第一种形式是氧化铝

Al_2O_3，第二种形式是碳化酚醛树脂衬底）气孔当量直径的尺寸都很小，因此涂层的强度低。所得到的结果足以从客观上反映这类复合材料中基体的成型过程。在 4 号和 5 号衬底上还继续了进一步研究。

我们研究过的酚醛树脂基碳化涂层制备过程由几个主要阶段组成（在衬底上涂抹黏合剂、烘干、热定形和碳化）。在初步研究时，分析了几种将前体涂抹到这些衬底上的方式，即浸渍冷衬底和浸渍加热 40～45℃ 的衬底。已查明，在浸渍加热到 40～45℃ 的衬底时就会得到较均匀的层。用剥取器除去多余的聚合物，以便在这种情况下使衬底表面上的密实层完整性不被破坏。采用这种方法时，除了均匀性大外，在所涂抹的层中形成的气泡数量最少，在随后涂层的制备阶段这些气泡可导致产生相当大的涂层缺陷。应当指出，采用试样恒定旋转（从涂抹黏合剂开始时刻到流动性终止的干燥）是制备厚度相同涂层的重要条件。在 25℃ 温度下，所涂沫的黏合剂层干燥时间（到失去流动性）为 35～50h（视黏度和层的厚度而定）。需要这么长时间（大大超出了生产者所规定的干燥时间）的大概原因是前体位于衬底的多孔结构中，这就使得溶剂从结构的排出变得很困难，因而相应就增加了干燥时间。因此，随后的烘干工序就变得特别重要。在烘干时，应除去溶剂和未参与聚合反应的黏合剂全部其余组分，否则，制备交联稀少并带结构缺陷聚合物的概率就会急剧增大。毫无疑问，所得到聚合物的全部结构缺陷将会转移到碳化聚合物的结构上。

烘干是最大程度决定所制备层完整性的阶段。必须解决的主要问题是，不允许在所涂抹的聚合物结构中形成充满气体的气泡形式缺陷。在一系列情况的高温条件下，出现过涂层"起泡"（甚至是在这些气孔的形成在塑料热定形阶段都未导致层破坏的情况下），这就使得在碳化后会形成贯通缺陷。在这种情况下，缺陷处的碳化层力学强度就低。根据我们所得到的研究结果，确定了涂层的烘干总原则，这些原则就有可能避免形成大量这类缺陷，并在溶剂量最小的情况下制备未固化的低聚物层。涂抹后，涂层应在不超过 40℃ 温度下预先烘干不少于 3h。在烘干的第二阶段，必须在不低于乙醇（溶剂）沸点的 55～60℃ 温度条件下保持足够长的时间，而且希望在 63～67℃ 温度还要有一个烘干阶段。所得到的数据与第 2 章中所阐述的混杂碳纤维增强材料的成型制度一致性很好。保持时间取决于溶剂向层表面的扩散速度。只有在这之后，方可在树脂生产者按照全苏国标 18694—80 所建议的温度条件下进行自身聚合过程。

所涂抹的层聚合是在 70～75℃ 温度下附加保持并随后升温到 155～160℃ 聚合过程结束的条件下进行的。

聚合结束后，按照树脂生产者的数据对所涂抹的酚醛树脂涂层进行热定形。我们已查明，必须在 $(0.85～0.9)T_{分解}$ 条件下进行热定形（$T_{分解}$ 即为聚合物破坏或分解开始的温度）。由于聚合物位于衬底的气孔里面，这就要求有选择参数 $T_{分解}$ 的特殊方法，这种方法势必要将整个衬底加热到给定温度。

根据我们所进行的研究结果，确定了涂层的烘干、聚合和热定形的总原则，这些原则可避免形成大量的结构缺陷并制备强度相对高的碳化层。

最终实验得到了至少排除形成酚醛树脂涂层大量缺陷的下列烘干方法。

(1)将黏合剂用浸渍方法涂抹在加热到 40～45℃ 的衬底上。

(2)预烘:在达 40℃ 温度下不少于 3h。

(3)烘干:在 55～60℃ 温度下不少于 4h,在 63～67℃ 温度下不少于 2h。试样的加热速度不超过 10℃/h。

(4)在 70～75℃ 温度下附加保持并随后升温到 155～160℃ 聚合过程结束条件下对涂层聚合。

(5)在 $(0.85～0.9)T_{分解}$ 温度下热定形 1～2h。

所有工序都是在构件以 5～8r/min 的速度绕轴线不断旋转条件下进行的。

我们在陶瓷衬底上进行了按下列碳化制度的酚醛树脂层制备研究:

(1)加热的最大温度为 750～950℃,在最大温度下的保持时间为 60～90min。

(2)加热速度为 1.5～10℃/min。

(3)介质为氮气。在绝对压力不小于 105kPa 条件下不断吹气。

(4)冷却速度不超过 7℃/min。

在 600～800℃ 温度范围内,对酚醛树脂碳化时就会出现微气孔结构扩展。碳化温度应不小于 700℃。在小于 600℃ 温度条件下,所得到的试件强度性能极低,这就证实了关于在 600～800℃ 温度范围内对酚醛树脂热处理时形成分子筛结构的文献资料。未查明所得到试件性能与加热速度表现明显的关系。同时查明了,在超过某一加热速度(不同温范围加热速度不同的)时,就会在制作好的试件结构中形成相当大的缺陷。出现这种现象的原因首先是,在高速加热时分解产物过分集约排出。对于我们的衬底来说,实验确定了下列加热速度:到 300～330℃,不超过 5℃/min;在 330～600℃ 温度范围,不超过 3℃/min;600℃ 以上,不超过 4～5℃/min。

在所进行研究的基础上,我们选择了对试件进行处理的最有效碳化制度。选择的准则一方面是所得试件的强度性能,另一方面是过程的持续时间,具体如下:

(1)具有保障绝对压力不小于 105kPa 流量的连续氮气(氩气)流;

(2)加热速度:到 330℃,不超过 5℃/min;在 330～450℃ 温度范围,不超过 2℃/min;从 450～600℃,不超过 2℃/min;600℃ 以上,不超过 4℃/min。在不小于 (850+50)℃ 最大温度下的保持时间不少于 60min。冷却速度:高于 500℃ 为 5℃/min;小于 500℃,不超过 7℃/min。在一系列冷却实验中,在 300～330℃ 中间温度条件下对试件保持了 30min。

在从烘干黏合剂溶液到得到碳化塑料的整个制备过程中都会出现试件的质量损失。例如,在酚醛树脂溶液聚合(固化)阶段,在空气中加热到 150℃ 时,就发生聚合物交联的第一阶段,试件质量发生约 4%～6% 的变化。热定形后的质量损失为 4.0%～5.5%,这与酚醛树脂溶液中所含的溶剂和水数量保持精确的一致。也就可以说,在热定形时,聚合物的交联还在继续,并且网状聚合物的空间结构密度增大。聚合物涂层质量从烘干到热定形结束的变化是一个相当恒定的值(质量损失与平均值的偏差不超过±15.7%)。

碳化时试件质量的变化是根据热定形后的试件质量为100%的假定所确定的。由表4.1中所列出的数据得出的结论是,衬底在碳化时对涂层的质量变化没有影响。应补充的是,对于气孔有效直径为3.5nm和4.7nm的衬底来说,由于涂层在碳化进行阶段就已经部分散落,就未能成功地得到碳化时质量损失的可信数据。

表 4.1　碳化时试件质量的变化

序号	衬底的种类	气孔等量直径范围	碳化温度/℃	质量损失/(%)
1	$\alpha - Al_2O_3$	3.5~4.0nm	900±15	40.0~56.5
2	$\alpha - Al_2O_3$	40.5~47.8nm	900±15	40.0~56.5
3	$\alpha - Al_2O_3$	0.18~0.27μm	900±15	44.3
4	$\alpha - Al_2O_3$	4.0~5.0μm	900±15	44.0
5	$\alpha - Al_2O_3$	33.0~47.7μm	900±15	45.2

我们用 X 射线衍射方法对各种不同衬底上聚合物涂层的碳化过程特点进行了研究。应当指出,关于碳化过程中酚醛树脂结构变化的文献资料很少。有文献指出,在低温处理(约1000℃)时,碳化产物结构中既有有序(主要是两维)相,也有非晶相。出现了 $2\theta \sim (18°\sim24°)$ 范围内宽模糊峰(库克 α 辐射),以及乱层碳特有的峰(hk)。根据该文献作者的数据,交联在芳族平链段形成的早期热处理阶段(在200℃条件下)就已经开始,并持续到石墨化温度。在3000℃温度条件下,酚醛树脂石墨化40%。对我们数据的分析表明,在采用不同衬底时,在相同条件下热处理的聚合物材料结构转化是不同的。作为例子,我们现研究在一些陶瓷管上可溶性酚醛树脂型(CΦ-340A)聚合物碳化结果。在250℃温度条件下,在空气中进行热定形1h,而碳化在最大温度为910℃的氮气流中进行,并在最大温度条件下保持1h。

对 X 射线照片的分析表明,在对涂抹在 $\alpha - Al_2O_3$ 基多孔管状陶瓷衬底上酚醛树脂碳化时发生破坏反应——聚合物的初始结构被破坏并被无序碳所代替。第一宽峰值向大角度方向发生位移(对于酚醛树脂来说这个峰值的标准位置是 $2\theta \sim 18.5°$)。按照我们的数据,对于已固化低聚物 CΦ-340A 的热定形聚合物来说,第一宽峰值位于 $2\theta \sim 20°$,而碳化后向 $24°\sim25°$ 位移,由残余碳所形成的新结构生成才开始。无晶碳数量增大。在 1 号和 2 号衬底上(见表4.1)得到了强度低和黏附力不足的表面碳化层。在这些试件的 X 射线照片上显示初始交联、陶瓷峰值和 $2\theta \sim (18°\sim20°)$ 模糊峰值残余。3 号试件(见表4.1)具有结实的表面碳层。未观察到 $2\theta \sim (18°\sim20°)$ 区域的峰值,这就证实了碳化结束。然而,完全缺失三维有序表面碳层。对于大孔衬底(表4.1衬底4和5)来说,仅仅显示与衬底相对应的峰值。正如上面我们所指出的那样,这类试件的碳化不会形成在我们 X 射线结构研究中可分析的表面碳层。聚合物层的溶

液在尺寸为 $0.18\sim47.7\mu m$ 气孔中渗透到衬底中相当深。温度的进一步升高会加深交联,这在分析在所选的上述碳化制度条件下碳化的试件 X 射线照片时已被验证。

所研制的制备复合材料碳层工艺就有可能做出关于衬底多孔结构,而相应也有碳束丝多孔结构对整体复合材料强度性能有相当大影响的结论。已证明,可形成两种形式的碳化层——表面碳层和大孔基近表层中的碳化结构。所得到的数据证实,在制备碳/碳复合材料时,必须利用单纤维加捻度、改性、纱中单碳纤维数量,以及高温处理制度和拉伸来形成一定的结构碳束丝或碳布。

对各种不同多孔结构衬底上酚醛树脂碳化过程的研究,就有可能原则上分出几种碳化碳纤维增强材料成型的物理化学反应过程,这些反应的特点是化学机理不同并有实质的差异。这些种类如图 4.3 所示。碳化结果用焦炭数(由初始黏合剂质量所生成的类似焦炭百分比数量)和强度指标(属于所生成碎片表面的焦炭破坏功)来评定。已查明,黏合剂的耐热性越高,焦炭数就越大。酚醛树脂和呋喃树脂耐热性最高,其结构包含结构链中碳原子浓度高的六元环或五元环。例如,酚醛树脂在热固化时提供 $59\%\sim60\%$ 的碳原子,而(借助引发剂)冷固化时提供 $45\%\sim50\%$ 碳原子。

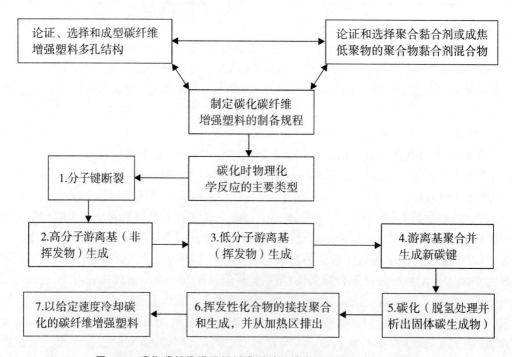

图 4.3 碳化碳纤维增强材料成型过程的主要物理化学反应类型

4.2　混杂填料碳纤维增强材料
碳化过程的研究和设计

研究目的是设计混杂填料碳/碳复合材料中碳基体的制备工艺,其结果将在本节介绍。在这种情况下,采用有本质特点的两种碳基体制备方法。这些特点既与混杂填料的性能相关,也与对这种碳/碳复合材料制品的给定使用要求相关。

在设计混杂填料的层状聚合碳复合材料碳化过程时,就会产生一系列与制品形状、碳纤维增强材料毛坯件制备工艺和碳化设备的能力相关的问题。碳化过程的经济指标具有很大的意义。

在制备空间增强复合材料时,特别是制备两股纱、三股纱以上所构成的材料时,最复杂的问题之一就是选择黏合剂。材料既可具有焦炭化基体,也可具有由聚合物焦炭和热解碳组成的复合基体。选择黏合剂的复杂度取决于浸渍的困难性。当厚度过大时,在普通浸胶机上就不能完全从材料中除去成型时会导致产生气孔的空气,因此,用真空和专用压模加压对这类材料进行浸渍。所需的黏合剂含量用变化材料致密度来达到,即材料越厚,对其浸渍就越复杂。采用低黏度热固性树脂作为黏合剂,在正确选择制度和调试好工艺过程条件下,这类树脂就能达到复合材料的理论级密度。例如,对于双股纱形成的材料来说,当增强系数 $Ц=0.45$ 时,密度 $d=1.67g/cm^3$(理论密度为 $1.80g/cm^3$);而当增强系数 $Ц=0.5$ 时,密度 $d=1.75g/cm^3$(理论密度为 $1.86g/cm^3$)。

不管是在内部市场,还是在外部市场,有竞争能力的是厚度 5~40mm 和线性尺寸 500mm× 1 000mm 和 1 500mm×1 500mm 的板。已出现(500~600)mm×(2 000~3 000)mm 的订货,需要厚度为 5~20mm、直径达 2 200mm 和长度达 4 000mm 的壳体。

大尺寸毛坯件的成型是在气压釜中进行的,其特点是压制压力低(1.5~4.0MPa),固化温度约 433K。

只有板的尺寸为 1 000mm×1 000mm 时才会成功达到 6~8MPa 的压力,也就是说,接近最佳的压力。现有的碳纤维增强材料(其中包括酚醛树脂基)制备经验要求不低于 10MPa 的压力和达 473K 的温度。在这种情况下,就会成功在所生成的热固性塑料聚合物体积中除去因在 630t 或 1 000t 压力机上缩聚反应而生成的相当大部分低分子物质。

碳化工艺的主要问题是加热温度制度、选择保护介质、稳定制品形状和生态安全性要求。

电蒸馏炉的使用就有可能解决所指出的大多数问题,而且它是目前国内和国际实践中所使用的最佳解决方案。

为了完成碳基体的形成过程,1 073~1 123K 的温度就足够了。蒸馏炉所需要的过热(100~250℃)是与将保护介质层、蒸馏炉壁厚热透的必要性和制品整个体积碳化过程完成程度相关的。所制备的基体由 95%~97% 碳构成,基体的结构是 $d_{0.02}>0.344nm$ 和晶体尺寸为

2～3μm的多晶碳。

保护介质的选择取决于材料表面氧化最小(或完全无氧化)的要求和整个炉装料所需热传递条件的保障。为了达到这些目的,使用了氮气和所需性能的碳分散材料。

混杂填料的层状聚合物基碳复合材料碳化工艺的基本参数和不同形状制品铺放方式相应在表4.2和图4.4中列出。

表 4.2　混杂填料的层状聚合物基碳复合材料碳化工艺的基本参数

参数	碳化阶段							
	I		II		III		IV	
温度/K	293～393	393～523	523～543	543～723	723～873	873～1 123	1 123～1 223	1 223～473
时间/h	5～10	25～40	8～15	35～40	25～30	20～40	8～15	72
加热/冷却速度/(K·h^{-1})	20～10	5.2～3.25	0	5.7～5.0	5.0～6.0	6.25～12.5	0	≤9

注:保护介质为氮气＋碳分散材料。

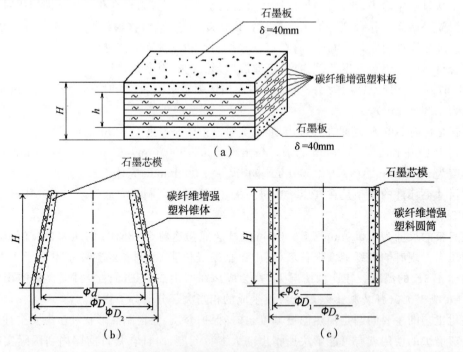

图 4.4　各种不同形状碳纤维增强材料碳化铺放示意图

(a)混杂填料碳纤维增强材料板叠装铺放($H:h=1.65:1.0$);

(b)混杂填料碳纤维增强材料板在直径 d 芯模上的铺放:$\Phi D_2-\Phi D_1$—壁厚,mm;H—制品的高度,mm;

(c)混杂填料碳纤维增强材料板在直径 c 芯模上的铺放图:$\Phi D_2-\Phi D_1$—壁厚,mm;H—制品的高度,mm

　　第一阶段的工艺参数是试验所确定的,并保障碳复合材料聚合基体的热定形:黏合剂(CΦ-010全苏国标 18964—1980,固化剂——六亚甲基四胺全苏国标 4381—1983E)固化结束,大分子链节中官能团含量稳定性,整体性和强度高。

　　所列举出的因素对成碳率、碳化结束后的制品形状和材料尺寸的稳定性影响很大。碳化的第二阶段在 573~623K 温度条件下开始,特点是 CO_2,CO,H_2O 急剧析出。升温速度应保障从材料体积中除去低分子物质而不使制品材料内部的压力增加很大,芳香族压制模块中联合碳原子分数从聚合物中的 34%急剧增大到部分碳化基体中的 74%。

　　碳化的第三阶段从 873K 温度条件下开始并在 1 123K 条件下结束,保障整个材料体积内结构重构过程的完全完成。

　　第四阶段是冷却,这个阶段的主要任务是保障在碳基体代替聚合物基体时保持制品的形状。

　　保护介质的种类对新碳基体的碳复合材料性能有实质的影响(见表 4.3)。

表 4.3　保护介质对用电炉制备的层状混杂填料碳纤维增强材料性能的影响

指标	保护介质类型	
	氮气	氮气+分散碳
密度/(10^{-3}kg・m^{-3})	1.08~1.17/1.12	1.13~1.20/1.17
气孔率/(%)	23.0~29.0/26.0	20.0~26.0/22.5
开口孔的半径/μm	10^{-3}~100	10^{-3}~20
开口孔的主要半径/μm	10^{-1}~20	10^{-1}~4
比表面积/(m^2・g^{-1})	8.5~11.2	8.8~9.7

　　氮气和分散碳的使用可增大碳化毛坯件的密度,减小开口气孔率并稳定材料多孔结构。

　　所得到指标(见表 4.4)的稳定性证明了用压制制备碳纤维增强材料对气压釜方法的优势。

表 4.4　层状聚合物基体和碳化(焦碳化)基体的混杂填料碳复合材料的性能

指标	碳纤维增强材料制备方式			
	压制		气压釜成型	
	基体类型			
	聚合物基体	碳化基体	聚合物基体	碳化基体
密度/(g・cm^{-3})	1.23~1.30/1.27	1.13~1.18/1.14	1.10~1.19/1.16	1.05~1.14/1.08
气孔率/(%)	1.0~6.0/3.8	20.0~24.5/22.5	2.0~9.5/5.7	27.0~35.3/30.0
抗弯强度极限/MPa*	92~110/102	79~99/88	70~95/80	60~93/72

　　注:*试验是在布的经纱垂直方向进行的。分母表示测量结构的计算平均值。

可惜,在压制时板形式的毛坯件最大尺寸局限于约 1 100mm,而薄壁壳体的固化只能用气压釜成型方法实现。

4.3 层状混杂填料碳复合材料高温处理过程的设计

高比强度性能、在高温下的惰性和恢复介质中的化学稳定性和一系列其它性能引起了对作为结构材料的碳/碳复合材料的兴趣。对于大多数实际应用来说,像弹性模量和强度这类力学性能是最重要的。这些性能首先取决于碳基体的结构、纤维或布填料的种类、基体与填料彼此之间的相互作用。碳/碳复合材料的结构参数在许多方面取决于它们的制备温度条件。碳/碳复合材料的热处理结果是由于碳纤维和碳基体的结构组分晶格有序排列过程、基体与碳纤维之间相互作用的变化,以及气孔率变化和微裂纹的可能形成而导致相结构组成的变化。通常采用在气体炉或电炉中加热对碳/碳复合材料进行热处理。已发表首次对碳/碳复合材料激光热处理主要特点研究的论文。

俄罗斯联邦发明专利 No2382751 与对各种不同材料制品的热处理有关并有效应用在碳复合材料的生产中。将毛坯件安置在带有一组耐热衬块的气压釜中,在气压釜的入口处安置有工质源,例如燃气发生器,而在出口处安置有喷嘴。在 0.2~50MPa 压力和气体环流速度(50~900m/s)条件下用温度为 2 000~4 000K 的气态工质(对于碳复合材料来说这就是氮气或氩气)流对毛坯件给定表面加热。将壁加热到给定温度 T 的深度 δ_T 和加热持续时间 t 根据下式确定,即

$$\delta_T = \xi_T t^n, \quad T = f(\alpha), \quad \alpha = (Re, Pr) \tag{4.1}$$

式中,δ_T 为将毛坯壁加热到给定温度 T 的深度;ξ_T 为比例系数;t 为热处理持续时间;n 为指数;α 为散热系数;Re 为雷诺准数;Pr 为普朗特准数。

系数 ξ_T 和指数 n 用试验或计算方法确定,而系数 α、雷诺准数 Re 和普朗特准数 Pr 用计算方法确定。采用惰性气体或碳氢液体或气态燃料,以及液体和固体火箭推进剂燃烧产物作为工质。该发明的技术成果是制备制品体积或厚度范围内给定性能的复合材料。

众所周知的是在电阻炉中对碳制品石墨化(高温处理)方式,采用这种方式时,电流通过由彼此与电流引入线接触的石墨毛坯件和碳填料组成的多吨重物体,同时,填充料保障所加热制品与空气绝缘。这种方式特有的是过程持续时间长达几昼夜、炉腔内加热不均匀、局部过热和电路阻断、不能在制作含碳复合材料零件的一系列情况下要求对制品给定表面加热。当高温处理碳/碳复合材料时,需要箱式专用装置,然而,过程的生产率是相当高的。

在隧道式电阻炉内对碳毛坯件石墨化的方式也是众所周知的,这种方式也具有同样的特点,即过程持续时间长并不能保障对所处理制品给定的表面加热。

采用作为高温工质源的惰性气体电加热器在可调节燃气介质中对制品加热的方式是众所

周知的。

该发明的目的是减少热损失、减少结构中所使用的昂贵耐热材料数量、减少将大量气体加热到 3 000 ℃ 的可能性(其中包括在钨加热器和石墨加热器中)、增大在保持工艺过程进行的对象附近气体介质成分恒定的连续生产条件下装置生产率(对制品加热速度)的可能性、减小装置的外形尺寸、减小能耗。

该发明所提出的目的是用在可调节气体介质中对制品加热的装置达到的。这种装置有外壳,在外壳内配置有电加热装置和冷气输入系统,电加热器的结构至少在导电层中有一个通穿的通道,同时,输入截面与冷气输入系统密封连接,而输出截面对着所加热的制品。取得专利权的装置可(依靠加热器输入孔与冷气输入系统的密封连接)减小与加热对象配置方向不同的方向中电加热器的热损失。热能分配中的各向异性是利用两个因素达到的。第一,利用加热对象方向中的加热气流,这个方向中(由于压力差)所传导的热能数量将比没有气流的方向中大 ΔQ:

$$\Delta Q = VSC_V\Delta T \tag{4.2}$$

式中,V 为通过 S 面积截面的气流速度;C_V 为在等于炉腔压力的压力条件下气体体积单位热容;ΔT 为冷气体和热气体的温度差。

从输出孔流出的气体由于黏滞摩擦力而夹带着紧贴加热器构件的气体,从而增大加热对象方向中的热流。这个装置的优点是,对气体加热是在导电层内的压力下进行,这就能够在提高压力条件下由于提高气体体积单位的导热性和热容而增大对气体的加热速度,这就为提高装置的生产率、减小装置的外形尺寸创造了可能性。这样一来,依靠减小热损失就降低了加热气体的能耗。此外,由输出孔流出的气流冲洗制品,带走制品表面散发出的物质,这就保障了制品附近气体介质的恒定。

这个装置还有一个优点是,在氢气介质或别的恢复气氛中对表面有氧化膜制品热处理的情况下,与原型机相比,会保障利用有效除去制品近表层反应产物来除去氧化膜所需的最好物理化学条件。

在制备陶瓷制品时对物体表面热处理的方式也是众所周知的,这种方式包括在预先经过业已处理好制品层的燃料与空气混合物燃烧时对多孔制品表层加热和强化。该方式的缺点是热处理制度的局限性,这种局限性取决于可使用燃料组分种类的有限性和实施各种不同环流制度(压力、温度、速度)的可能性。

生产复合材料的主要任务之一是制备性能沿制品体积(厚度)给定的,其中包括变化的复合材料。这种方法的主要任务是,采用给复合材料制品(毛坯件)吹热气体途径的热处理来完成该任务。通过(利用增大或减小散热系数的对流分量、采用不同温度的气体)变化热处理强度和过程持续时间的途径将材料加热到给定温度的不同深度。在这种情况下,就会成型在所处理制品体积内性能不同的复合材料。

应当指出,碳/碳复合材料高温热处理的效率对碳/碳复合材料的所有性能有相当大的影响,因此,研究高温处理对碳/碳复合材料结构和性能的影响是当前的迫切任务。

　　碳化过程结束后的混杂填料碳复合材料结构远未达到完美程度。在高于碳化温度下,采用这种材料会伴随制品尺寸(见图 4.5)及其性能的进一步变化,因此,这种材料制品的使用效果不是很高的。

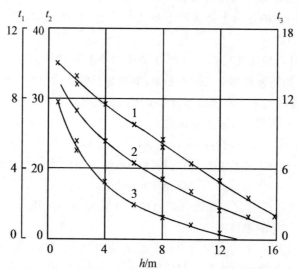

图 4.5　在温度从 293K 升至 393K(t_1,曲线 1)、从 393K 升至 523K(t_2,曲线 2)和
在 523~543K(t_3,曲线 3)下定形时板翘曲与碳化时间关系曲线($t-h$)

　　为了用这种材料制备在高于碳化温度的使用温度下性能稳定的制品,对其进行高温处理。高温处理的温度值应超过这种材料制品的使用温度值(373~423K)。高温处理的温度绝对值为 2 023~2 773K。

　　转炉由于加热器材料和转炉材料的耐火性低(1 323~1 523K)而不适用进行高温处理。因此,高温处理应用带石墨加热器的真空炉,例如 СШВГ － 25.30 或阿切松石墨化炉进行。在СШВГ － 25.30 真空炉中的高温处理制度在表 4.5 中列出。

表 4.5　碳化(焦炭化)混杂填料层状碳复合材料的真空高温处理制度

参数	工序名称					
	炉子抽真空	检查泄漏	加热	加热	保持	冷却
压力/MPa	399~532	399~532	399~532	399~532	399~532	399~532
温度/K	293±10	293±10	293~1 248	1 248~高温处理温度 T^*	高温处理温度 T^*±50	2 073~1 293(1)* 2 073~293(2)*
时间/h	0.5~1.5	1.0	9~11	9~11	3~5	9~11(1)* 15~18(2)*
加热(冷却)速度/(K·h^{-1})			100(不超过)	100(不超过)		150(不超过)

注:T^*—给定牌号的材料高温处理温度。1,2 表示两种冷却制度。

　　高温处理后的碳化混杂填料碳复合材料的性能和相对布增强方向的各个不同方向中变形的变化如表 4.6 和图 4.6 所示。由所列出的数据可很好地看到,混杂填料碳复合材料的变形较碳布增强的碳纤维增强材料大大降低。

表 4.6　碳化和在 2 073K 温度下高温处理后的层状混杂碳复合材料的性能

指标	制备方式			
	压制		气压釜成型	
	碳化的	高温处理后	碳化的	高温处理后
密度/(g・cm⁻³)	1.13~1.18/1.14	1.09~1.14/1.11	1.05~1.14/1.08	1.02~1.101.05
气孔率/(%)	20.0~24.5/22.5	21.0~26.2/23.2	27.0~35.530.0	28.5~38.0/33.2
抗弯强度极限/MPa	79~99/88	68~103/76	60~93/72	54~96/61

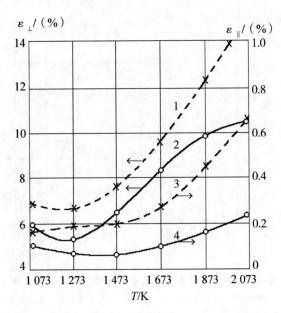

图 4.6　碳布(1,3)和混杂填料(2,4)碳复合材料的布层铺放垂直方向($\varepsilon_\perp$)和
　　　　 平行方向($\varepsilon_\parallel$)中变形量的关系曲线

4.4 含有混杂填料的层状碳纤维增强
材料甲烷气相致密过程的设计

在混杂填料碳/碳复合材料制备所有阶段都会产生和形成气孔。例如,根据缩聚机理,在聚合时由于铺层不密实、纤维断裂和收缩,以及在碳化阶段由于残焦炭芳构化,而且在高温处理时由于基体和纤维收缩不同在碳纤维增强材料中就会产生初始气孔和微缺陷。加入第三种组分——分散石墨也不会对多孔结构的形成有实质的影响。

同时,众所周知,如果气孔的体积为碳复合材料总体积的 0.1～0.4,抗压强度、弹性模量、导热系数和导电系数就可通过下式与气孔率相联系,即

$$A = A_0 \exp(-kP) \tag{4.3}$$

式中,A 为所列举的性能之一;A_0 为整体材料的相同性能;k 为该性能特有的常数;P 为材料的总气孔率。

碳复合材料各种不同种类单位气孔率分布积分曲线如图 4.7 所示。

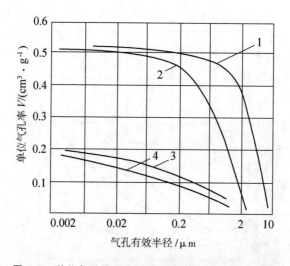

图 4.7 单位气孔率按气孔有效半径的分布积分曲线
1—已碳化的碳纤维增强材料;2—已碳化的混杂填料碳纤维增强材料;
3—在 240h 高温致密后的碳纤维增强材料;4—在 360h 高温致密后的碳纤维增强材料

碳化后的混杂填料碳纤维增强材料的特点是气孔有效半径值较小。

为了减小碳/碳复合材料的气孔率,采用以下两种致密方式。

(1)用液体物质(可焦炭化的聚合物树脂、中温煤炭沥青和石油沥青)致密;

(2)用热解碳致密。

浸渍时所发生的过程取决于一系列因素,其中最重要的是总气孔率、气孔的尺寸和形状、在所浸渍的材料中气孔沿半径的分布、表面能、浸渍物质的黏度。

但是,浸渍碳/碳复合材料后的所有浸渍液体物质都需要进行碳化,碳化过程后形成由浸渍物质结焦过程所导致的新气孔率。

因此,尽管多次液相浸渍,用所指出方法不会成功地完全排除制品中的气孔。三次浸渍后碳/碳复合材料上可达到的开口气孔率最大值为 8%～10%。同时,浸渍加碳化的周期为720～860h。

从所达到的气孔率水平(8%～12%)、周期的持续时间(300～360h)和所得到的碳/碳复合材料的物理力学性能值来看,最好是用热解碳体积致密。

在制作碳/碳复合材料电加热器时,重要的要求是几何尺寸,首先是要求厚度(横截面)的稳定性,因为电流密度的差异会引起局部过热并使加热器损坏。

与用液体物质致密相比,用热解碳致密的重要优点是在加热时材料没有不均匀的收缩。

在用热解碳致密时,由于含碳物质热裂解在所加热表面就形成了碳扩散膜和表面膜。可将热解碳的生成过程看作是在固体表面(衬底)上气相结晶。在 $t \approx 1\,700℃$ 条件下,得到的是两维有序排列的热解碳,在 $t > 1\,800℃$ 条件下,生成三维有序排列的热解石墨。微晶的大小取决于晶芽的数量,而温度越高,晶芽数量越多,在较高温度条件下微晶相应较细小。如同炭黑生成反应中那样,在气态碳分解过程中会生成在这些温度条件下热力学稳定的氢和碳。实验查明,气态氢会大大抑制热解碳的聚集,因此,在制品长度足够大的情况下,制品上热解碳的表面性能可能由于反应物质中 H_2 浓度过高而发生变化。在固体表面上热解碳生成的同时,也会在气相体积内生成炭黑。这些反应是同时进行的,是并发反应。存在某一碳氢化合物临界体积浓度(约 3%～15%),超过这个临界浓度,热解碳生成率就会降低,而炭黑生成率就会增大。这个浓度值随着热解碳沉积表面减小、反应物逗留时间增加和反应范围的增大而减小。在将热解碳加热到 2500℃ 以上温度时,热解碳就转化为热解石墨。

在讨论气相碳合成时,谈及的是由完全非结构化体系形成有序结构,但是,在气相合成的高温条件下,仔细研究微晶的生成过程实际上是不可能的。由于碳素体液相合成在较低温度条件下进行的时间较长,用碳素体液相合成实例对这种现象就研究得比较好。尽管实际使用含有高碳素化合物的石油蒸馏或煤炭加工和石油加工的重质残渣,但基本上还没有排除生成石油轻馏分碳氢化合物原料基石墨状结构的可能。石油轻馏分中主要含有 C 原子处在 sp^2 和 sp^3-杂交状态的石蜡、环烷和多环芳香碳氢化合物。为了将这些原子主要转化到石墨特有的 sp^2-杂交状态,必须对轻馏分碳氢化合物进行脱水环化处理。这个过程是在芳香碳氢化合物热力稳定性范围内实施的。在高温区域,由几个芳香环组成的并具有共同不定域电子系的高缩合芳烃是热力较稳定的。可将这类缩合的芳香碳氢化合物看作是石墨状平面的胚胎。在

1 800～2 000℃温度条件下,巨大晶体所形成的发育组织和低百分数非晶相的焦炭就获得了真正的石墨结构,并被称为可石墨化焦炭。

甚至是在3 000℃温度条件下,由彼此牢固交联的细小微晶构成的高百分数非晶相的焦炭都不会获得三维有序性。通常将这类材料认为是非石墨化材料。微晶的石墨化度和尺寸的相互联系表现明显,但不是线性的。在石墨化度0.5～0.6之前,微晶的尺寸实际是开始不会变化,然后迅速增大,这就是说,随着石墨化度的增大,开始是消除微晶内部的缺陷,微晶的线性尺寸不变化。在形成堆叠石墨状结构后,这些堆叠就合并成超过初始尺寸数个量级的较宽排列。这种情形对于易石墨化的材料来说是特有的,对这类材料的石墨化是利用非晶相实际完全消失而作为石墨状结构区域不断完善和扩展进行的。这种石墨化被称为均质石墨化。在很难石墨化的物体中(例如在用酚醛树脂熔体致密时),由于非晶相交联键刚性固定的微晶尺寸小就不会成功改变有序性区域相互取向及其随后混合。晶格的完善只是在乱层碳区域界面进行,几乎不增大其线性尺寸。甚至是在大约3 000℃温度下,除了石墨化的微晶外,在物质中也相应保持相当数量的非晶相。这种形式的石墨化称为均质石墨化。

这样一来,在2 000～3 000℃温度范围内,不管是在石墨化的材料中,还是在非石墨化材料中的微晶内部都会形成石墨状层的有序性,而非晶相体积分数却降低到每种材料的最小值。如同在碳化情况中那样,这些材料结构中的差异带有数量特性,因而它们之间的界限是模糊的。石墨化材料——人造石墨就其物理性能和结构几乎与天然石墨试件没有区别。

最有效的热解碳体积致密过程是热解碳生成反应渗透深度最大的制度。根据材料薄壁性和足够的密度,体积致密的温度梯度和压力形成的可能性是有限制的。

在本专著中使用的是气体恒压等热致密方式。根据这种方式的可能性,对体积致密来说,最好的是接近动力学制度的最小热解速度制度。

考虑到制品的形状和尺寸、材料的多孔结构(表4.2和表4.3)、设备的技术可能性和经济效益,研制出了层状混杂填料碳复合材料在甲烷气相中的致密过程。莫斯科全苏电热处理研究所(俄罗斯)研制的СШВГ－25.30和СШВГ－8.8真空炉所用的这个过程在表4.7中列出。

为了评定体积高温致密的可能性,首先应知道可用热解碳所填充的材料气孔体积,这个值对于评定体积高温致密后的材料性能以及体积高温致密过程的效率是必需的。

高温热处理或碳化后材料中的开口气孔体积分数由下式测定:

$$\eta_p = \left(1 - \frac{d_k}{d_{s\phi}}\right) \times 100\%, \tag{4.4}$$

式中,η_p为开口气孔的体积,%;d_k为材料的表观密度,g/cm³;$d_{s\phi}$为不考虑材料封闭气孔率的材料有效密度,g/cm³。

封闭气孔是不能用热解碳填充的。

表观密度值在表4.2和表4.3列出。这种复合材料的$d_{s\phi}$值等于1.53～1.56g/cm³。

这样一来,高温致密过程可用的气孔体积就等于初始材料体积的 28％～25％。在增重值超过 28％时,热解碳的沉积特性就带有表面特性,进一步提高材料性能——物理力学性能(密度、抗弯强度极限、抗剪强度极限、抗压强度极限)和物理化学性能(开口气孔率、比表面、化学稳定性)就受到了限制。

混杂填料碳/碳复合材料致密过程的基础是碳氢化合物在已碳化或已热处理的材料气孔表面上发生热分解化学反应。

在反应室中进行甲烷热解反应时,既可(在炉内)实现均匀反应,也可(在固体表面)实现多相反应。目前,不论是在碳/碳多孔材料热解碳致密过程机理方面,还是在过程计算方法方面都还没有统一的方法。

根据国外和国内文献报道,通常使用以下两种方法。

(1)第一种方法的基础是在固相增长理论基础上实验所找到的热解碳增长沉积规律性;

(2)第二种方法的基础是关于过程速度不仅取决于自身的化学反应速度,而且还取决于气态反应物向多孔材料不同区域的扩散,以及吸附现象的概念。

为了计算体积致密过程,采用了这两种方法的数学模型。根据数学模型与该类型设备上高温致密实际过程的完全相符性,选择了最佳的数学模型。后来将这个数学模型用来完善致密过程。使用第一种方法的数学模型时的理论先决条件和假定如下:

(1)这个动力学模型仅仅被看作是过程的现象学定量理论。

(2)热解碳生成的初始速度取决于衬底的表面性质。对于任何衬底来说,过某一时间间隔就会达到稳态沉积速度。过渡期的持续时间不超过 15h。

(3)所得到的阿伦纽斯恒定活化能方程对于表 4.7 所规定的温度范围来说是正确的。

表 4.7　计算用等热方法高温致密过程所用的数据

气体化合物或元素	方程的检验范围(T)/K	反应速度常数方程	速度常数值/[g·(cm²·s·Pa)$^{-1}$]	衬底的温度(T)/K	气相成分/(%)			备注
					CH_4	C_2H_4	H_2	
甲烷	923～1 573	$8\times10^{-3}\exp$ $(-272\,000/RT)$	$K_{CH_4}=3.35\cdot10^{-14}$	1 298±15	65～80			1.气体的分析误差为±5%。
乙烯	773～1 373	$7.6\times10^{-7}\exp$ $(-155\,000/RT)$	$K_{C_2H_4}=2.5\cdot10^{-14}$	1 298±15		1～4		2.$P_{总}=997.5$Pa。3.压力方程检验范围 270～2 000Pa
氢气				1 298±15			12～30	

注:$R=8.314$J/(K·mol),$S_{单位材料}=8.5\sim10$m²/g。1g 材料给定的热解碳值为 15％,$P_{H_2}=0.3\times997.5=299.25$Pa,$P_{CH_4}=0.65\cdot997.5=648.4$Pa,$P_{C_2H_4}=0.04\cdot997.5=39.9$Pa。

(4)氢对热解碳的生成过程有很大的阻滞作用,必须考虑到这一点。

(5)活化能的实验值是碳—氢键在碳衬底上断裂时的复杂过程总活化能。

(6)反应速度常数计算方程是在碳氢化合物分解度不超过 1% 的反应动力区得到的。

(7)根据碳氢化合物气体压力的热解碳生成速度具有第一阶。

计算所用的原始数据在表 4.7 中列出。反应速度方程具有如下形式：

$$W = K_i \cdot P_{C_nH_m} \tag{4.5}$$

式中，W 为碳沉积反应速度，$g/(cm^2 \cdot s)$；K_i 为这种碳氢化合物的反应速度常数，$g/cm^2 \cdot s \cdot Pa$；$P_{C_nH_m}$ 为炉腔气体混合物中该碳氢化合物的分压力，Pa。

混合物气相成分由甲烷、乙烯和氢气组成。由甲烷、乙烯同时进行沉积热解碳，并同时用氢气阻滞反应。

可根据式(4.5)求出得到给定热解碳增重的时间 t_1(h) 为

$$t_1 = \frac{0.15}{K_{CH_4} R_{H_2} P_{CH_4} S_{уд} + K_{C_2H_4} R_{H_2} P_{C_2H_4} S_{уд}} \tag{4.6}$$

式中，0.15 为给定的热解碳增重，g；K_{CH_4}，$K_{C_2H_4}$ 为热解碳沉积速度常数，$g/cm^2 \cdot s \cdot Pa$；R_{H_2} 为反应速度阻滞系数，分数(见图 4.8)；P_{CH_4}，$P_{C_2H_4}$ 为碳氢化合物的分压力，Pa；$S_{уд}$ 为材料比表面积，cm^2/g。

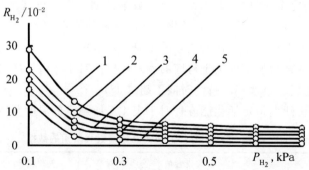

图 4.8　氢气分压力对真空碳氢化合物热解碳沉积速度阻滞系数的影响
表面温度：1—1 223K；2—1 248K；3—1 273K；4—1 298K；5—1 323K

反应炉中的气相成分借助 ВТИ－2 或 ГХП－3 气体分析仪用化学气体分析方法测定，组分(体积分数)的测定误差为(0.1～0.2)体积分数。

使用第二阶数学模型时的理论先决条件和假定如下。

(1)多孔材料上高温致密过程的速度不仅取决于自身化学反应速度，而且还取决于气态反应物向气孔表面不同可达性的不同区域扩散。在这种情况下，重要的是查明碳氢化合物气体向多孔体物质渗透的有效深度。

(2)在反应过程中材料内表面的定量影响取决于具体的反应条件、气态物质输送速度与反应表面的比例关系和自身化学反应。

(3)材料外表面面积较之该材料开口气孔内表面是可忽略的。

(4)固相物质是均质的。

(5)材料气孔中的传递借助分子扩散实施。

(6)外表面上甲烷浓度等于气体体积中的浓度。

已达到计算方程的方法具体如下：

$$W = K \frac{K'P_{CH_4}(L)}{1 + K''P_{H_2} + K'P_{CH_4}(L)} \quad (4.7)$$

$$L = 0.5 \sqrt{\frac{rD\ (2K'-K)^\psi}{KK'} \int_0^\psi \frac{d\psi}{\sqrt{-\psi + \Delta\ln\frac{\Delta}{\Delta-\psi}}}} \quad (4.8)$$

式中，W 为热解碳生成反应速度，$g/(cm^2 \cdot s)$；K 为反应速度常数，$g/(cm^2 \cdot s)$；K' 和 K'' 为甲烷和氢气的吸附系数，atm^{-1}；P_{CH_4}，P_{H_2} 为反应混合物中甲烷和气体的分压力，atm；D 为扩散系数，cm^2/s；L 为沿气孔长度的距离；ψ 为反应物的无量纲浓度；$\Delta = \frac{1+2KP}{2KP-KP}$ 为无量纲复数；r 为气孔半径，μm。

使用第二种方法的复杂性在测定混杂填料碳/碳复合材料气孔中气流状态时就已开始。

可按气孔半径将气孔中的气体传递方式分类（见表 4.8）。

表 4.8　气孔中流动(传递)方式准数

参数	流动(转移)条件			混杂填料碳/碳复合材料
	按泊肃叶准数	按克努德森准数	按福尔默准数	
克努德森准数	10^{-2}	1	10	$10^{-2} \sim 1$
气孔半径/μm	$\geqslant 1$	$\leqslant 0.01$	$\leqslant 0.001$	$0.01 \sim 2$

为了选择两个数学模型中较相符的模型，用混杂填料碳/碳复合材料工业高温致密过程对它们进行了检验。将高温致密过程的计算时间与达到等于 $\pm 15\%$ 增重值和 $(10\pm 1)\%$ 开口气孔率值的实际时间之差作为相符性的判据。所有工艺基本参数和制品材料的初始性能是相同的或差别 $\pm 1\%$。

检验的结果在表 4.9 中列出。在分析数学模型的基础上选择了高温致密过程的基本参数。

高温致密工艺的基本参数如下：

(1)制品在反应炉中的安置方式；

(2)气体流量；

(3)反应炉中的绝对压力；

(4)制品表面的温度；

(5)反应炉腔中的气相成分（CH_4，C_2H_4，O_2，H_2）；

(6)制品材料的初始开口气孔率；

(7)带气体流量的过程持续时间。

表 4.9　两种形式的数学模型相符性检验

高温致密时间的数学模型方程	计算的时间/h	给定的热解碳增重值/(%)	高温致密过程的实际时间/h	所得到的热解碳平均增重值(ΔM)/(%)	高温致密后的开口气孔率/(%)	碳/碳复合材料的初始性能:开口气孔率,比表面积
$t=\dfrac{\Delta M}{K_{CH_4}R_{H_2}P_{CH_4}S_{比}+K_{C_2H_4}R_{H_2}P_{C_2H_2}S_{单位}}$ 数学模型——式(4.6)	480 ± 20	15 ± 0.5	240;240;240	8.7	17.8	
			300;300;300	9.6	16.4	
			360;360;360	11.5	14.7	
			400;400;400	12.4	12.6	
			420;420;420	14.2	11.4	
			440;440;440	14.4	10.8	$\Pi_{откр}$（开口气孔率）= $(23\pm3)\%$ $S_{уд}=(9.2\pm0.5)m^2/g$
			480;480;480	15.2	10.2	
$t=\dfrac{\Delta M}{K\dfrac{K'P_{CH_4}(L)\cdot S_{比}}{1+K''P_{H_2}+K'P_{CH_4}(L)}}$ 数学模型——式(4.7)	242 ± 8	15 ± 0.5	280;280;280	8.9	17.5	
			310;310;310	9.6	16.0	
			350;350;350	11.3	15.3	
			390;390;390	13.8	14.4	
			410;410;410	13.9	14.4	
			430;430;430	14.2	13.3	
			470;470;470	14.8	12.8	
			500;500;500	15.4	10.2	

　　体积高温致密过程的温度选择是众所周知的,过程温度为$(1\,298\pm25)$K,在这个温度下会生成最密实的抗氧化性和抗与氯相互作用性最高的热解碳结构。在温度较低和沉积速度较低的条件下,过程的持续时间就变得相当长,达 500～600h。能使体积致密过渡到表面致密的热解碳沉积速度最大值等于 0.25×10^{-3}g/($cm^2\cdot h$)。

　　在气体流量和反应炉内绝对压力确定的条件下,制品的安置方式对高温致密过程具有特别意义。众所周知,在气流流入空余容积中时,就可能形成流出口的封闭循环区域,循环区域的大小可能是不同的。根据气体动力学模拟的结果,并考虑到几何和气体动力学相似的判据,查明,在甲烷以 160～200dm^3/min 速度流入真空炉中时,因供甲烷管出口而形成为 1/3 反应炉高度的循环区域。必须考虑到气体通过反应炉的气体动力学状态这个特点,因为,循环区域的形成会导致热解过程在反应室腔中扩展,而不是在制品表面上扩展。甲烷在反应炉腔热解过程的扩展就导致生成炭黑,破坏制品的体积致密。

因此,在对制品体积致密时,得到甲烷层流气流是最重要的且必需的条件。为此,设计了锥形毛坯件形式制品(见图 4.9)和板状形式制品(见图 4.10)的装炉方式,这种装炉方式保障气流的高层流性。在气体动力学模拟时,这种装炉方式表明了气流的高层流性和沿反应炉高度气体分析结果的一致性。

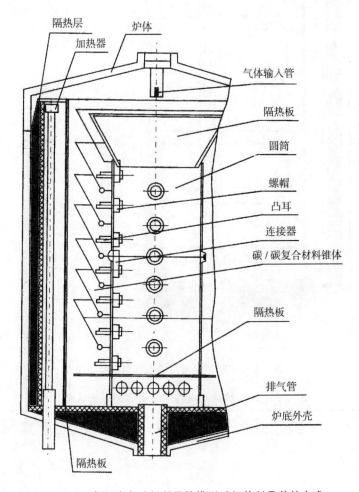

图 4.9   高温致密过程所用的锥形毛坯件制品装炉方式

所选的混杂填料碳/碳复合材料高温致密过程的参数在表 4.10 中列出。

目前,多孔碳材料连续热解饱和的方式具有很大的实际意义。这首先是与过程高效率相关的,这个过程电能消耗相对较低。

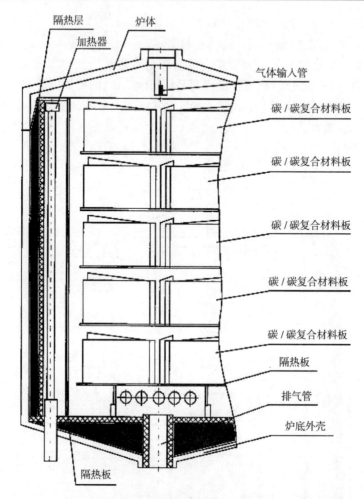

图 4.10　高温致密过程所用的板状制品装炉方式

表 4.10　混杂填料碳/碳复合材料高温致密过程

工序名称	过程参数					炉气相成分,体积分数/(%)				
	温度/K	时间/h	压力/Pa	加热(冷却)速度/(K·h⁻¹)	气体流量/(L·min⁻¹)	CH₄	C₂H₄	H₂	O₂	N₂
炉子抽真空	293	2	133~198	0	0	0	0	0	80	80
炉子的泄露检查,在于给定压力在 1h 内是否稳定	293	1	198~266	0	0	0	0	0	80	20

续表

工序名称	过程参数					炉气相成分,体积分数/(%)				
	温度/K	时间/h	压力/Pa	加热(冷却)速度/(K·h⁻¹)	气体流量/(L·min⁻¹)	CH₄	C₂H₄	H₂	O₂	N₂
加热	293~1 298	10~11	266±133	130~120	0	0	0	0	80	20
热解,按给定工艺的致密过程保障热解碳增重不小于18%	1 298±25	360	1 064±65	0	180~200	78~80	1~2	12~20	0.7~0.5	0.2~0.4
冷却,在炉内温度超过450℃时不允许切断真空泵	298~293	10~12	266~400	130~120	0	0	0	0	80	20

注:高温致密过程的产品装炉方式和气体输入结构应保障炉内中的层流气流。封闭循环区域是不允许的,它们会导致生成炭黑。制品表面有炭黑说明有气体封闭循环区域。

美国专利 4048953(国际专利分类 C23C13108)中所描述的这个方向中最初其中一种研制就用于对连续碳纤维带热解饱和热解碳。按照这个方法,连续超长多孔碳纤维板在纵向方向通过位于低于标准压力下的加热区域移动,碳氢化合物气体以相对高的速度在垂直方向通过加热到 2 200℃左右温度的板狭窄通道,连续进入到该加热区域。通道配置在成型材料所通过狭窄缝隙的多晶体石墨导板上。气流对通道冷却并防止热解碳在其上面沉积和污染通道。碳氢化合物气体与被加热的碳纤维相互作用,这就使热解碳沉积在碳纤维上。板在 2 000~2 400℃温度和 533~2 666Pa 压力条件下以 60~3 600ft/h[①] 的速度移动。5~20ft³/min[②] 速度的碳氢化合物气体有效渗入板状碳材料并使其密度至少 ft 增大 20g/m²。沉积碳所用的气流速度为 20~200ft³/min。按照这个方法,热解碳主要在毛坯件表面沉积,同时还沿纤维圆周不均匀地沉积——纤维背面比正面密实。这个方法的缺点是在单个碳纤维表面和沿整个毛坯件厚度热解碳沉积不均匀。

在所描述的过程中沿毛坯件厚度材料不均匀沉积的原因是,在毛坯件高温条件下,反应物开始在毛坯件表面热解,所析出的热解产物阻碍反应物向试件深处扩散,换言之,反应物还未来得及向试件深处扩散,在毛坯件薄的近表层就分解了。

然后,还研制了几种对多孔毛坯件进行热解饱和热解碳或碳化硅的方法,这些方法旨在提

① 1ft(英尺)=0.304 8m。

② 1ft³/min=0.028 317m³/min。

高所沉积的热解材料层沿毛坯件厚度的均匀性。例如,按照众所周知的 TP－CVI 方法(以热梯度和脉冲压力化学蒸汽气体渗入),将 T300 压制碳纤维(日本东亚公司)制作的密度为 $0.5 \times 10^3 \, kg/m^3$、高度为 32mm 和直径为 15mm 圆筒状多孔立体毛坯件用为真空石英管的反应室中外部热源加热到超过反应物热解温度(930～1 100℃)的温度,然后借助上模将毛坯件移到反应混合物(沉积热解碳所用的丙烯,或沉积碳化硅所用的含氢甲基三氯硅烷)在 3～20kPa 压力下所供到的反应室较冷区域,将反应混合物在反应室中保持 1.5～2h,然后对反应室抽真空,将试件移到反应室的热区域,并多次重复整个过程(10 次以上),同时将给反应室供反应混合物和抽出反应室冷区中热解产物的周期重复 1～5 次。这个过程的主要特点是,在反应室的冷区试件开始变冷,由于毛坯件材料的最终导热性,毛坯件表面的温度就变得比它的内部的温度低。因为热解过程是热活化过程,那么,反应物的热解速度和热解材料的沉积速度就取决于毛坯件的温度,因此,毛坯件表面上的热解碳或碳化硅沉积速度就变得比毛坯件内部沉积速度小,这样一来,在选择相应过程参数时,要达到材料沿毛坯件厚度较均匀沉积。这个方法的缺点是,它不适用于带、卷或束丝形式的超长或连续毛坯件。

解决上述问题的另一种尝试是热解饱和石墨箔带的方法,它包括将带加热并在其表面热分解碳氢化合物反应物。按照该方法,在碳氢化合物反应物 1 800～2 000℃温度和 1 067～6 666Pa 压力条件下,在密封的水冷却腔中让电流通过从两个石墨电极和压紧构件之间经过的带段实施加热。这个方法的缺点可归结为:热解碳在毛坯件表面沉积,可是在毛坯件内部依旧存在未填充的气孔。缺少对这个问题的有效解答就迫使继续寻找提高沿超长毛坯件厚度热解碳沉积均匀性的方法。

目前,效率超过上面所列举方法的最有效工艺是用强化材料或防护材料连续热解饱和超长多孔毛坯件的方法。在按照这个方式热解饱和超长多孔材料时,毛坯件被加热到超过反应物热分解温度的温度(例如,在沉积甲烷热解碳时高于 800℃,在沉积甲基氯硅烷碳化硅时高于 500℃),通过连续供有气态反应物的反应室移动,在气态反应物介质中,毛坯件在高温下逗留能保障沉积所需厚度热解材料的时间。例如,在超长多孔毛坯件热解致密方法中,包括将超长多孔毛坯件电接触加热超过反应物热分解温度、将毛坯件移动通过反应室、将反应混合物供到反应室、从反应室中除去反应产物和冷却毛坯件,循环进行加热毛坯件、冷却毛坯件、供给反应混合物和除去反应产物,而且在冷却毛坯件阶段给反应室供反应混合物 1～10s,这个时间过后从反应室除去反应产物,达到 $10^{-3} \sim 10^{-2}$ atm 的剩余压力,然后重复周期,直至达到所需要的沉积层厚度。在单个实现发明时,所提出的问题是用在冷却阶段给反应室至少供给一次反应混合物的方式解决的。可将致密的热胀石墨带,或非织物的碳纤维材料带,或非织物碳化硅纤维材料带,或碳纤维束丝,或碳化硅纤维束丝用作毛坯件。为了达到所沉积热解材料层的最大均匀性,毛坯件冷却时的热解时间不应超过 10s。这是因为,热解时间较长时,所生成的产物会阻碍反应物向试件深处扩散,这就会降低热解材料层沿毛坯件厚度的均匀性,少于 1s 的热解时间在工艺上是不合理的,因为这会导致增加冷却/加热的周期数,也相应会增大毛坯件致密过程的总时间,因此,最佳的热解时间是在 1～10s 范围。热解的时间取决于毛坯件初始温度、毛坯件的厚度和气孔率,并针对每一类型毛坯件试验确定。为此,在一片段毛坯件上完成 1s 的热解饱和过程,在电流通过毛坯件停止后立即将反应混合物供入反应室,进行 10 个周期的热解;此后将毛坯件拉伸通过反应室并在毛坯件的新区域进行 10 个周期的热解,时间 1s,但是在毛坯件冷却开始后过 2s 给反应室供反应混合物,再对毛坯件的四个区域进行热解饱和,并在冷却 4s,6s,8s 和 10s 后给反应室供反应混合物,再将整个毛坯件冷却,并从毛坯件每一区域切割试件,借助电子显微镜分析试件中热解材料沿横剖面的分布,并确定"n"试件编号,在该编号的试件中,相对试件表面界限可观察到较渗透到试件内部层(界面下面)的表面层(界面上面)中热解材料的最大厚度,这样一来,就确定了该类型毛坯件、反应物和工作温度的热解最大时间,即 t_{max}(s)$\leqslant 2n$。如果毛坯件冷却 10s 后,热解材料沿毛坯件厚度的均匀性足够高,就应在一个冷却阶段进行几个周期的高温饱和。如果在一个冷却阶段,进行几个 2～5 短周期,取代一个长的热解饱和阶段,例如,取代持续时间为 15s 的一个热解饱和周期而较合理进行两个持续时间为 5s 的周期,就会提高热解层的均匀性。

可使用压制热胀石墨带、或非织物碳纤维或碳化硅纤维带、或碳箔束丝、或碳纤维或碳化硅纤维束丝作为毛坯件。方法可用来提高多孔毛坯件的力学强度,减小低气孔率的碳毛坯件的气孔率,在热胀石墨多孔带上,或碳纤维或碳化硅纤维的毛坯件上成型碳化硅纳米层和防护涂层。方法对于低气孔率毛坯件或厚度 2mm 以上的毛坯件来说是最有效的。

例如,用热解碳致密密度为 0.5g/cm³、宽度为 150mm 和厚度为 5mm 的带状压制热胀石墨毛坯件(乌拉尔化学纺织科研所封闭型股份公司生产的石墨箔——石墨莱克斯)。利用输送辊和接收辊系统将毛坯件拉伸通过带水冷却壁的反应室,其中一对辊用作毛坯件的引入线,引电辊之间的距离为 50cm,在上面进行热解饱和的毛坯件等热区(温度偏差不超过±5℃)长度为 20cm。采用甲烷作为反应物,甲烷通过保障脉冲输送反应物并在 0.15～0.2s 内将反应室压力调整在 0.05～0.20atm 范围的系统被输送到反应室,利用保障在 2～5s 内根据初始压力达到 10^{-3}atm 剩余压力的抽真空系统从反应室除去热解产物。以 0.5cm/min 的速度将毛坯件拉伸通过反应室。将电压供到引电辊上,并使电流通过位于引电辊之间的毛坯件区段,因此,位于反应室中的毛坯件区段就被加热到 1 100℃。在达到 1 100℃后,切断通过毛坯件的电流,并将压力为 0.1atm 的甲烷输送到反应室,过 4s 的热解时间,在 3s 内将反应室抽真空到 10^{-2} 压力,重新将电压供到引电辊上,毛坯件被加热到 1 100℃。因此,整个周期都在毛坯件通过反应室移动的整个时间内重复,1h 后停止过程并将毛坯件冷却到室温,同时毛坯件的质量依靠沉积热解碳就约增加了 5%。电子扫描显微分析表明,近表层中的热解碳层厚度为 $(1.0\pm0.1)\mu m$,毛坯件内的热解碳层厚度为 $(0.8\pm0.1)\mu m$。对其它试件也使用了这种方法。针对不同试件所得到的实现方法的数据在表 4.11 中列出。

(1)试件 1～8 是在使用甲烷作为热解碳源时用堆积密度为 3g/L 的压制硝酸盐热胀石墨毛坯件制作的。

（2）试件 9 和 10 是用石墨箔编织的截面为 4mm×4mm 束丝状碳纤维毛坯件制作的，石墨箔是用碳纤维增强的，由堆积密度为 3g/L 的硝酸盐热胀石墨制备的。相对热胀石墨的质量，碳纤维的质量分数为 10%。使用甲烷作为热解碳源。

（3）试件 11 和 12 是用厚度 5mm 和宽度 70mm 的碳毡带形式毛坯件制作的。碳毡是在 1 200℃下用热解非织物聚丙烯腈纤维材料所制备的。聚丙烯腈纤维材料是用电成型法由二甲基亚砜溶解的 20% 聚丙烯腈溶液制备的。热解饱和材料是碳化硅。使用三氯甲硅烷作为反应物，反应混合物：Cl_3CH_3SiCl—1kPa，Ar—9kPa。

表 4.11　某文献得到的试件试验结果

试件编号	过程的参数		试件的初始性能和尺寸	热解碳的厚度/μm	
				表层	内层
1.甲烷	d,0.1 大气压		ρ,0.5g/cm³	1.1±0.1	0.8±0.1
	T,1 100℃		L,5mm		
	$t_{热解}$,1s		A,150mm		
2.甲烷	d,0.1 大气压		ρ,0.5g/cm³	0.9±0.1	0.9±0.1
	T,1 100℃		L,5mm		
	$t_{热解}$,2s		A,150mm		
3.甲烷	d,0.1 大气压		ρ,0.5g/cm³	1.0±0.1	0.8±0.1
	T,1 100℃		L,5mm		
	$t_{热解}$,4s		A,150mm		
4.甲烷	d,0.1 大气压		ρ,1.1g/cm³	1.1±0.1	0.9±0.1
	T,1 100℃		L,2mm		
	$t_{热解}$,3s		A,150mm		
5.甲烷	d,0.05 大气压		ρ,1.1g/cm³	1.0±0.1	0.9±0.1
	T,1 100℃		L,2mm		
	$t_{热解}$,1s		A,150mm		
6.甲烷	d,0.05 大气压		ρ,1.1g/cm³	0.2±0.1	0.2±0.1
	T,1 100℃		L,2mm		
	$t_{热解}$,4s		A,150mm		
7.甲烷	d,0.1 大气压		ρ,0.05g/cm³	0.4±0.1	0.4±0.1
	T,1 100℃		L,18mm		
	$t_{热解}$,8s		A,150mm		

续表

试件编号	过程的参数	试件的初始性能和尺寸	热解碳的厚度/μm	
			表层	内层
8. 甲烷	d,0.1 大气压	ρ,0.05g/cm^3	0.8±0.1	0.8±0.1
	T,1 100℃	L,18mm		
	$t_{热解}$,10s	A,150mm		
9. 甲烷	d,0.05 大气压	ρ,1.5g/cm^3	0.6±0.1	0.6±0.1
	T,1 100℃	L,4mm		
	$t_{热解}$,1s	A,4mm		
10. 甲烷	d,0.05 大气压	ρ,1.5g/cm^3	1.3±0.1	0.9±0.1
	T,1 100℃	L,4mm		
	$t_{热解}$,3s	A,4mm		
11. 三氯甲硅烷＋氩气	d,0.1 大气压	ρ,0.4g/cm^3	0.05±0.03	0.05±0.03
	T,1 000℃	L,5mm		
	$t_{热解}$,1s	A,70mm		
12. 三氯甲硅烷＋氩气	d,0.1 大气压	ρ,0.4g/cm^3	0.4±0.1	0.3±0.1
	T,1 000℃	L,5mm		
	$t_{热解}$,3s	A,70mm		

第 5 章　碳/碳和碳/碳-碳化硅体系复合材料实际应用的理论依据和成果

5.1　混杂填料碳/碳复合材料在电热学热结构零件中应用的理论根据

从碳石墨材料出现和生产发展最初起,其应用就是与电能的使用相关的。

核动力技术对高纯度的高密度石墨的需求使得碳石墨材料在电热学中出现了新的实际应用领域,即半导体硅、锗、砷化镓生产中的加热器、坩埚和模具。

现代技术的进一步发展使得在特殊介质条件下以高温(达 3 073K 以上)为基础的过程得到了广泛普及并具有很大的现实意义。在国内外的文献中,将实现这些过程的设备称为高温电热装置。

电热装置的使用性能、它们的可靠性和寿命主要取决于热部件的工作能力。实际上,任何电热装置的热部件都包含加热器、隔热层和结构件。按照工艺过程的种类,这些零件(在不同程度上)都承受着电热装置工作区中的最高温度、最大变形(加热、冷却、所制备(所处理)的产品的质量)和不同介质的作用。

根据现有的资料,78%～87%的不同类型加热(电阻加热,感应加热)的电热装置损坏是由零件损坏所引起的,这首先是加热器(侵蚀、局部过热)、热应力承载零件(断裂、密实性破坏、变形)、隔热层(下垂、密实性和导热性破坏),因此,对制作电热装置中热部件的高温材料就提出了相当高的硬性要求。

在世界范围内的实践中,一般采用难熔金属、难熔金属碳化物、难熔氧化物和硅化钼作为热部件最重要制品(加热器、承载热应力结构)的高温材料。

作为高温材料最广泛使用的是不同形式的碳——结构石墨、热解碳、高温石墨、玻璃碳、丝状石墨、碳硅微晶玻璃、炭黑、焦炭。

能够占据特殊地位,而且在某些情况下占据主导地位的碳石墨材料对于已知高温材料的主要优势如表 5.1 和图 5.1 所示。

表 5.2 列出了最大可采用的碳石墨材料的力学性能比较,而在图 5.1 上给出了比较力学

性能随温度的变化。所列出的整个性能组中的决定性性能是高比电阻(ρ)和耐热强度。例如，在 293～2 273K 温度范围中，石墨的比电阻为钨比电阻的 16.7～180 倍，为碳化铪比电阻的 4.9～6.17 倍，在达 3 273K 温度下使用时，还保持着这种差别。

表 5.1 高温电热装置中加热器所用高温材料的性能

加热器材料名称		熔化温度/K	与绝热体的反应/K	加热器工作的最大温度/K	比电阻/($\Omega \cdot mm^2 \cdot m^{-1}$)	
					293K	2 273K
1.材料	钨	3 653～3 693	氧化锆—2 173 氧化铝≥2 273	3 273,真空	0.055	0.66
	钼	2 883～2 893	氧化铝—2 373～2 173 氧化锆—2 173～273	2 473,氩气 1 973,真空	0.05	0.62
	钽	3 269～3 288	氧化铝—1 873 氧化锆—1 873	2 773,真空	0.13	0.87
	铌	约为 2 741	氧化铝—1 873 氧化镁—2 033	2 773,真空	0.17	0.83
	石墨	约为 3 973(蒸发)	不需要绝热体	2 273,真空 3 273,氩气	9.0	11.0
2.二硅化钼		2 293～2 173	耐腐蚀介质作用性好； 不使用绝热体； 以(Φ≤100mm, h≤120～150mm)小尺寸烧结制品形式采用； 脆性高	1 973,惰性气体 1 923,空气	0.21	1 873K 下,0.8
3.碳化物	碳化硅	约为 3 103(分解)		1 773,氩气 1 723,空气	3 000 1 900	1 000 809
	碳化钛	约为 3 573		2 773,真空 3 273,氩气	0.6	1.99
	碳化锆	约为 3 803			0.5	2.28
	碳化铌	约为 4 033			0.51	1.30
	碳化钽	约为 4 153			1 273K 下,0.88	1.65
	碳化铪	约为 4 163			1 273K 下,1.84	1.78

实践中，比电阻值低就会使得必须用小截面型材，例如丝或带制作加热器。这种情形就会迫使采用陶瓷绝热体(氧化物、氮化物)来悬挂，(由于它们与高温材料的相互作用)就会降低高温电热装置的最大温度，因此，难熔金属及其碳化物的实际使用范围是实验室用炉子和小炉子。

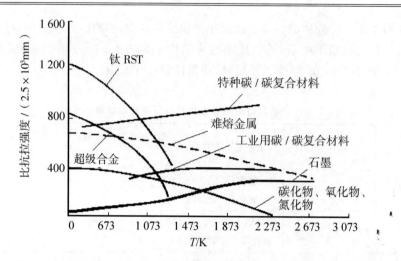

图 5.1　高温电热装置热部件中所使用的各种不同高温材料单位抗拉强度的温度关系曲线

表 5.2　俄罗斯生产的电热技术所用的结构石墨性能

石墨的性能	石墨的牌号				
	ГМЗ	ППГ,ВПП	МГ－1	ЭГ－0	МПГ－7, МПГ－6
比电阻/($\mu\Omega \cdot$ m)	7～14	5.7～10	9～15	7.5～12.5	11～15
密度/(g·cm^{-3})	≥1.65	≥1.73	≥1.65	1.6～1.7	1.75～1.85
气孔率/(%)	22～26	15～25	20～25	20～25	15～25
抗压强度极限/MPa	30～50	40～71	47～61	20～40	≥75
抗拉强度极限/MPa	7～26	14～35	10～26	35～26	15－35
抗弯强度极限/MPa	3～10	20～30	10～20	3～10	≥29.6
导热系数(273K～1 773K)/ (W·m^{-1})	100～170	116～210	70～170	100～170	116～210
毛坯件尺寸(长度)/mm	1 500	1 000	325	2 400	160
直径,正方形的边/mm	350(最大)	350(最大)	330(最大)	710(最大)	210(最大)

　　碳石墨材料的高比电阻就能够将加热器制作成管、杆、坩埚和板形式。在超过 1 573K 温度条件下,碳石墨材料的耐热强度超过已知的碳化物、氧化物、氮化物的比抗拉强度。在温度超过 2 573K 温度条件下,难熔金属在强度性能方面与石墨相当。在增大高温电热装置中保护介质压力条件下,减小碳石墨材料气孔率就可大大减小碳石墨材料在 2 273K 温度下蒸发速度快速增大的缺陷。譬如说,有文献指出,在 2 573～2 873K 温度下,ВПП 牌号的石墨(密度为

1.78~1.90g/cm³，气孔率为 5.0％~8.8％），蒸发速度值减小了 77/87~154/179。已知碳石墨材料——玻璃碳（见表 2.13）、碳布（见表 2.4）、热解碳（见表 2.17）的性能，以及在电热学中作为质量约为 2~3kg 和线性尺寸约为 200~300mm 小制品实际使用这些碳石墨材料的经验，就能乐观预测这些碳石墨复合材料在中型和大型高温电热装置热部件中的使用。

高温处理应用的增长进程主要是由于电加热的应用而发展，因此也出现了电炉生产的优先增长。电阻炉和感应炉的应用在生产总量上超过了电热装置，在这些装置中对用来制作电加热器的材料提出了特殊要求。这些结构件承受着这类装置的极限温度、炉介质最强的作用和炉冷却时的最大热应力。

选择加热器的材料时最重要的参数之一就是比电阻。根据对加热精度的要求，自动化装置技术设备的价格可为整个装置价格的 15％~25％。加热器材料的比电阻变化特性和变化值决定着编程设备的复杂性，体积，价格以及工艺过程给定温度制度控制的可能性。

目前，所采用的各种不同材料的比电阻与温度的关系在表 5.3 中列出。从所列出的数据可看出，在 293~2 873K 温度范围内，碳基材料的比电阻增大不超过 45％，钨基材料的比电阻增大不超过 15 倍，钽基材料的比电阻增大不超过 7.1 倍，难熔金属碳化物的比电阻增大不超过 1.8~9 倍。

表 5.3　高温材料比电阻与温度的关系

温度 (T)/K	高温材料名称								
	碳/碳，3D 热解碳	碳/碳，2D 玻璃碳	石墨 ГМ3	Ta	W	ZrC	TaC	NbC	HfC
	比电阻的变化$(R(T))$/$(\mu\Omega \cdot m)$								
293	8.2	10.2	10.5	0.13	0.055	0.5	0.22	0.51	0.39
873	8.0	10.4	8.5	0.40	0.21	1.0	0.6	0.74	0.73
1 273	9.0	10.8	9.2	0.55	0.33	1.38	0.88	0.90	1.04
1 673	9.3	11.4	10.2	0.69	0.46	1.74	1.15	1.06	1.35
2 073	9.8	11.8	10.8	0.8	0.59	2.1	1.5	1.22	1.60
2 473	10.0	12.2	11.7	0.93	0.73	2.46	1.8	1.38	1.91
2 873	11.6	12.3	12.5	1.05	0.88	2.82	2.2	1.54	2.26

表征所有可能因素对高温材料在高温装置组成中有效使用影响的综合指标是在不少于10 000h 内的最大使用温度。从确定经济合理性观点来看，在这个指标中，所有因素的影响是集中的，高温材料在装置中的使用是通用的。

在表 5.4 中，给出了所采用材料的熔化（分解）温度和与其上面安置加热器的绝热体化学相互作用开始温度的数据。

表 5.4　高温材料在电炉中的熔化(分解)温度、与绝热体相互作用开始温度和长期使用温度

名称	高温材料的名称						
	碳/碳,3D,热解碳	碳/碳,2D,玻璃碳	石墨	W	Ta	ZrC	TaC
熔化(分解)温度/K	3 873	3 873	3 873	3 653	3 269	3 803	4 153
与绝热体的反应温度/K	N	N	N	2 473	2 473	2 173	2 473
2 473K 温度下的蒸发速度(真空)/[kg·(m²·s)⁻¹]	0.39×10^{-6}	0.39×10^{-6}	2.7×10^{-6}	0.02×10^{-9}	0.84×10^{-9}	7×10^{-6}	0.2×10^{-6}
长期使用温度(不小于 10^4h)/K	2 473	2 473	2 273	2 473	2 473	2 173	2 473

注:N—不需要绝热体。使用了氧化铝、氧化锆、氮化硅、硼化锆作为绝热体来研究。

如果材料的熔化或分解温度属于热力学参数,那么,与绝热体化学相互作用开始温度就是决定根据现有性能应用该材料结构可能性的参数。

例如,对于比电阻为 $0.055 \sim 0.088 \mu\Omega \cdot m$ 的钨来说,为了保证根据所要求温度级的所需电流密度,加热器以细丝形式制作。这种加热器的结构形式要求借助绝热体(高温陶瓷)将其悬挂在装置的壁上,同时,碳/碳复合材料加热器由于要具有 $10.2 \sim 12.3 \mu\Omega \cdot m$ 或视温度而定的 $14 \sim 185$ 倍的大值,应以圆筒形式制作。

这种结构形式一般不需要绝热体,因而,加热器直接安置在引入线上。

所有碳基材料固有的缺陷是,在空气中加热时抗氧化性低和在真空中蒸发速度高。人造石墨的氧化不取决于制备方式,在 673K 温度下开始氧化,同时,较密实牌号的石墨氧化速度要小 1/2 或 2/3。

所研制的"黑奥纶"名称的碳化聚丙烯腈在达 $1\,070 \sim 1\,170$K 温度之前在空气中不会断裂。在 670K 温度下,这种材料能负载工作 10 000h,而短时间能承受达 10 000K 的加热。然而,在使用抗氧化性高的涂层情况下,碳材料将具有在空气中加热时的高抗氧化性,碳化硅涂层用于在 1 623K 温度的空气中长时间使用。考虑到碳化硅的分解温度为 3 100K,而且在地壳中的含量实际上是无限的,这种涂层具有相当广阔的前景。

对于减小在真空中的蒸发速度来说,难熔金属——钨和钽涂层具有广阔的前景。在 2 873K 温度下,这些元素的蒸发速度,对于钨来说为 4.28×10^{-8} kg/m²·s,对于钽来说为 5.56×10^{-7} kg/m²·s。在这种情况下,带钨涂层或钽涂层的碳/碳复合材料制品蒸发速度为表 5.3 所给出的 2 473K 长期使用温度的碳/碳复合材料制品蒸发速度的 $1/(800 \sim 900)$。

对文献数据的分析表明了采用耐热涂层对提高由碳/碳复合材料制作的加热器以及导电部件稳定性的使用前景。例如,当炉工作腔有二氧化碳时,用钛和锆金属浸渍碳/碳复合材料是很有效的,并在碳/碳复合材料的表层生成这些金属的碳化物。碳化物层履行防护功能,提高材料的稳定性,但是,至今也未研制出这种浸渍的工艺,同时也未研究过所浸渍的碳/碳复合

材料的物理性能和使用性能。

在俄罗斯全苏航空电热处理开放型责任有限公司基地制备了碳/碳复合材料试件,这些试件浸渍钛和锆是用各种不同方式(饱和金属混合物、特制合金以及氧化物混合物)实施的,并对其性能进行了研究。饱和金属混合物是在 2 000℃温度和 10^{-2}Pa 压力下条件下将钛粉末和锆粉末分布在碳/碳复合材料表面进行了 2h。钛和锆合金在真空电阻炉中用石墨坩埚熔化,合金锭被裂成碎块,并且就将合金分布在碳/碳复合材料表面,然后按照与上一情况相同的制度进行了饱和金属混合物。最有工艺性的是用金属二氧化物混合物饱和的方式,在这种情况下(依笔者之见),在碳/碳复合材料表面进行下列化学反应:

$$MeO_2+C=Me+CO_2 \quad Me+C=MeC \tag{5.1}$$

饱和过程是在 1 900℃温度和 1Pa 压力下进行了 2h,然后为了减小所生成的碳化物沿截面的浓度梯度,对试件在 2 000℃温度下进行了 4h 退火。

图 5.2 所示为浸渍相应钛、锆及其合金(并生成碳化物)的碳/碳复合材料表面。碳化锆的结构(见图 5.2(b))显然有形成裂纹的趋势,因此,这个碳化物层不可能是加热器材料的可靠防护材料。

按照笔者的见解,应指出,针对碳/碳复合材料的情况,增加浸渍时间不会影响浸渍层的深度(加入到碳中的金属质量)。譬如说,将保持时间增加到 4h 并添加"新鲜的"金属混合物仅仅是在碳化物层的上面形成金属熔体。

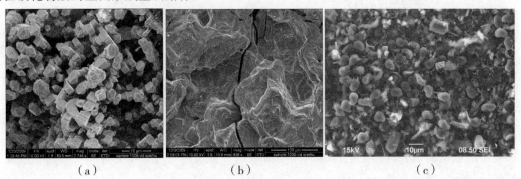

（a） （b） （c）

图 5.2 碳/碳复合材料表面

(a)浸渍钛;(b)锆——可看到所形成的裂纹;(c)钛和锆合金

在碳/碳复合材料表面化学制备碳化物的方法是金属化合物的作用。将试件两次循环浸渍-加热,浸渍本身进行四次将试件沉入三氯甲烷二氯化二茂钛饱和溶液几秒钟,随后在室温条件下在空气中干燥 30min,然后在氩气气氛中加热到 350～450℃温度使金属有机化合物分解并生成碳化钛。

对用各种不同方法制备的浸渍好的碳/碳复合材料试件在空气中进行了抗氧化性试验。尽管碳/碳复合材料加热器用于在真空或充气炉中使用,这些试验的结果仍是示范性的,因为在真空炉中,加热器的使用寿命首先取决于剩余氧的作用。图 5.3 所示为碳/碳复合材料试件浸渍 Ti‑Zr 合金后在 1 000℃温度下、在空气中试验 5h 的质量相对变化,有

$$\Delta m = (m_1 - m_2)/m_1$$

式中,m_1 为氧化前的试件质量,kg;m_2 为氧化后的试件质量,kg。

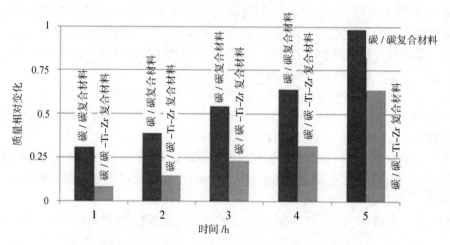

图 5.3　碳/碳复合材料较之浸渍 Ti‑Zr 合金的碳/碳复合材料在 1 000℃温度下、在空气中的相对稳定性

根据试验结果,可以看出,浸渍合金的碳/碳复合材料氧化相当缓慢。纯碳/碳复合材料试件在 5h 内完全"燃烧",然而,浸渍的碳/碳复合材料在这段时间失去约 60%的质量,这就证明提高了材料抗氧化性。

对表 5.1 和图 5.1 所示的高温电热装置中加热器所用的高温材料性能和俄罗斯电热学生产所用的结构石墨性能(见表 5.2～表 5.4,图 5.2 和图 5.3)的分析表明了该用途材料进一步发展的可能性。从所列出的数据可很好看出各种不同高温材料所具有的前景。具有较高温度级和要求降低电能消耗的新工艺过程所用高温电热装置结构的进一步完善和发展前景就需要开发和研制完全新的材料。

对全世界著名高温电热装置生产公司——Ulvac(日本)、Kopp(奥地利)、Vacuum Industries(美国)、Ipsen 和 Degussa(德国)的发展趋势以及它们专利研制方向的分析表明,高温电热装置工作腔尺寸增大趋势在增长,而结构石墨和其它碳材料的工艺可能性和性能(见表 5.2)我们认为实际上已用尽。

对于顺利解决高温热电装置的长远前景问题来说,研制新型混杂填料碳/碳复合材料的高温材料具有所有潜在可能性,这类高温材料是碳/碳复合材料发展的继续。

"混杂"碳/碳复合材料概念的引入要精确。混杂按定义是将不同物品或现象特征混溶的过程,混杂的结果就是得到参与混杂的物品或现象未曾拥有的新结果。

玻璃碳基体的碳/碳复合材料不可能具有石墨所具有的比电阻,然而,新型复合材料的应用正是要求这种比电阻。

将在制备材料所有阶段都保持初始形式并赋予复合材料新性能的分散石墨加入到材料是引入这种概念的原因。所制备的 УКПМ-3 牌号复合材料的比电阻为 $10\sim14\mu\Omega\cdot m$。为了比较,处理温度为 $2\,500\sim2\,700\,^{\circ}\!C$(与 УКПМ-3 相同)的 СУ-2500 牌号玻璃碳比电阻为 $38\sim45\mu\Omega\cdot m$。

混杂填料碳/碳复合材料不仅保持碳/碳复合材料高耐热性、强度、抗热冲击性所有优点,还添加了宽范围的电性能(比电阻、电阻温度系数)。

据我们现有的 2006 年以前的资料,世界范围内的实践没有过工业使用高温电热装置(达 3 073K)的混杂填料碳/碳复合材料制品,质量为 $2\sim3kg$ 和外形尺寸约为 $300\sim400mm$ 的制品可能是例外。

对于具体实际应用领域来说,研制了四种牌号的混杂填料碳/碳复合材料。这些牌号混杂填料碳/碳复合材料主要实质差别是高温处理温度值、布增强材料的增强方式和这些增强方式的制备工艺。

譬如说,УКПМ-1 的高温处理温度值为($1\,373\pm100$)K;УКПМ-2、УПА-0-Э(УПА-0)的高温处理温度值为($2\,223\pm100$)K;УКПМ-3 的高温处理温度值为($2\,973\pm100$)K。对于 УКПМ-1、УКПМ-2、УКПМ-3 来说,增强方式是布垂直于压制轴线铺放。

УПА-0 牌号的增强方式是用碳布带环向缠绕方式,在环向缠绕时,壳体母线与布带在芯模上铺放处平面的切线之间的夹角等于 $90°$。

УПА-0-Э 牌号的增强方式是与壳体母线轴线成角度铺放,同时,在芯模每一转都会形成由两层相互交叉定向增强布带构成的增强方式。УПА-0-Э 牌号混杂填料碳/碳复合材料用于制作复杂形状的制品(椎体、椭圆体、球体)。

在以下各节中介绍所研制的复合材料主要电物理性能、热物理性能、力学性能和化学性能,以及研究、分析它们的实际应用领域。

5.2　电物理性能、力学性能和热物理性能

首先应将比电阻、电阻温度系数、碳晶体网膜片层的尺寸和碳网片层之间的层间距离(L_a,L_c,d_{002})归入混杂填料碳/碳复合材料的电物理性能。这些参数的测定方法已在第 2 章中列出。众所周知,电流在石墨中既用电子转移,也用正空穴转移,而其电阻取决于电流载流子浓度和载流子的平均自由行程。由此得出结论是,取决于方向的石墨电性能可能是不同的,石墨电性能的各向异性随着结构完善程度的增大而增大。

工业石墨的电阻温度系数为 $2\times10^{-3}\sim2.4\times10^{-3}\Omega\cdot mm^2/(m\cdot^{\circ}\!C)$,视与压制轴线平行

或垂直测量方向而定的各向异性系数为 1.09～1.13。在介绍混杂填料碳/碳复合材料电物理性能的表 5.5 中列出了 УКПМ－1,УКПМ－2,УКПМ－3,УПА－0,УПА－0－Э 四种牌号材料的数据。

电物理性能的变化是与复合材料结构参数的变化相互关联的。УКПМ－1 牌号材料表现明显的结构三相性过渡到与 УКПМ－3 材料差别不是很大的三相结构。这种过渡的特点特别表现在结构参数 d_{002} 的变化方面。在表 5.5 中列出了在用 X 射线结构分析方法对(这些牌号的混杂填料碳/碳复合材料)试件研究时与试件性能相关的电物理性能。根据所得到的 X 射线结构分析性能,可做出的结论是,混杂填料碳/碳复合材料结构的完善程度随着热处理温度的提高而增大。

表 5.5　各种牌号混杂填料碳/碳复合材料的电物理性能

参数名称		混杂填料碳/碳复合材料的牌号			
		УКПМ－1	УКПМ－2	УКПМ－3	УПА－0,УПА－0－Э
热处理温度/K		1 373±100	2 223±100	2 973±100	2 223±100
布经纱方向中的比电阻/$(\mu\Omega \cdot m)$		85～65	60－45	10～14	60～40
垂直布经纱方向中的比电阻/$(\mu\Omega \cdot m)$		95～75	70～55	11～17	80～60
电阻温度系数/$(\mu\Omega \cdot m \cdot ℃^{-1})$		-1.7×10^{-2}	-0.78×10^{-2}	1.5×10^{-3}	-1.04×10^{-2}
碳网膜片层的直径(L_a)/nm	1	1.5	2.8	8.2	3.3
	2	3.0	6.2	9.0	6.0
	3	－52.3	62.3	62.3	59.7
碳网膜片层的高度(L_c)/nm	1	3.0	3.5	5.9	6.2
	2	3.7	4.2	6.0	6.0
	3	20.4	20.4	20.4	19.3
碳网膜片层之间的层间距离(d_{002})/nm	1	0.362	0.354	0.347	0.344
	2	0.344	0.343	0.339	0.340
	3	0.337	0.337	0.337	0.337

注:对于所有牌号的混杂填料碳/碳复合材料来说,特点是由热处理温度所决定的不同有序性的结构三相性:1—酚醛树脂焦碳、纤维和热解碳的无序碳。2—酚醛树脂焦碳、纤维和热解碳的部分有序碳,3—高有序石墨碳。

对于热处理温度达 2 323K 的牌号(УКПМ－1,УКПМ－2,УПА－0,УПА－0－Э)来说,比电阻与温度的关系具有半导体性质,对于它们来说,得到了负电阻温度系数。混杂填料碳/碳复合材料三相结构中的无序碳大概就决定了该类型的导电性。在超过 2 873K 温度条件下热处理的混杂填料碳/碳复合材料(УКПМ－3 牌号)的特点是相当稳定且比电阻值低。

УКПМ - 3 牌号的混杂填料碳/碳复合材料电阻温度系数(见表 5.5)是正的且比其它牌号的小一个数量级。

УКПМ - 3 牌号电导系数的电物理性能可用纤维、玻璃碳和热解碳中出现三维有序性来解释,这种论断被 X 射线结构分析结果——(100)线与(101)线的分界线和(112)线的出现所证实。

混杂填料碳/碳复合材料的实际应用领域包括电真空炉的加热器、热应力结构、热防护屏蔽和坩埚。在使用条件下,这些零件一般都承受着达 3 073K 高温条件下复杂形式的力学载荷。

譬如说,对于混杂填料碳/碳复合材料的电加热器来说,如同对石墨加热器一样,电流通过加热器时所产生的热应力值取决于导热系数、弹性模量、线性膨胀温度系数和单位表面功率。材料的抗拉强度和抗弯强度应保障抗所产生的拉伸力矩和弯曲力矩性。

值得特别注意的是高电流密度和一定频率范围内条件下的抗振性。

混杂填料碳/碳复合材料的低气孔率和高密度保障其在真空装置中高的抗空气泄漏氧化性。

在使用混杂填料碳/碳复合材料制作带有金属熔体的坩埚时(在使用熔体拉制锭时,坩埚一般都旋转),要求在坩埚旋转时抗金属熔体作用性要高。

在梁、槽钢、角钢形式的热应力结构中会产生相当大的弯曲力矩。包括混杂填料碳/碳复合材料在内的复合材料的研制经验及其所有扩展应用迫使我们着手研究伴随混杂填料碳/碳复合材料破坏的力学试验方法。在第 2 章中列出了试验方法、选择了试件的形状和尺寸。

各种不同牌号混杂填料碳/碳复合材料的力学性能在表 5.6 中列出。在表中也列出了线性膨胀温度系数、导热系数、密度和气孔率的数据。用灵敏度为 1：10dB 和额定频率为 1.8MHz 的 УД2 - 12 超声波探伤仪对材料内部缺陷(分层、空洞)进行了测定。超声波检测结果在表 5.6 中列出。

表 5.6　混杂填料碳/碳复合材料(在(293±5)K 温度下)的力学性能和热物理性能

参数名称	混杂填料碳/碳复合材料牌号			
	УКПМ - 1	УКПМ - 2	УКПМ - 3	УПА - О,УПА - О - Е
在空气中的使用温度(≤)/K	600	600	600	600
在真空、氩气、氮气中的使用温度(≤)/K	1 473	2 323	3 073	2 323
密度/(g · cm^{-3})	1.22～1.3	1.3～1.4	1.35～1.45	1.3～1.4
气孔率(≤)/(%)	12	12	14	15
抗弯强度(≥)(与增强方向⊥)/MPa	65	90	80	65
抗拉强度(≥)(在增强方向)/MPa	30	45	45	35
抗压强度(≥)(在增强方向)/MPa	55	70	70	60

续表

参数名称	混杂填料碳/碳复合材料牌号			
	УКПМ-1	УКПМ-2	УКПМ-3	УПА-О, УПА-О-Е
293～2 273K 范围内的线膨胀系数/($10^{-6}K^{-1}$)	3.4～3.9	3.6～4.0	3.8～4.2	2.4～3.1
垂直层的导热系数（273～1 773K)/[W·(m·K)$^{-1}$]	10～5	35～25	40～30	35～25
超声波检验,分层面积/(%)	0.4	0	0	0.7
毛坯件尺寸 长度/mm	1 500	1 500	1 500	4 000
毛坯件尺寸 直径,正方形边长/mm	1 500	1 500	1 500	35～2 200

注:УПА-О、УПА-О-Э牌号回转体力学试验件与母线平行的切割方向,分层的特性是点状的,缺陷面积不超过120mm^2。

强度试验的试件破坏特性是部分脆性的。在(293±5)K 的研究温度条件下,强度性能最大的是在(2 223±100)K 温度条件下热处理的试件。这个可以解释为,当增大处理温度时,碳化基体中的多原子化合物随着能垒的克服而得到致密。

混杂填料碳/碳复合材料中其它组分的致密是不大可信的,因为增强布和石墨分散填料的处理温度都相应不低于 2 473K(ТГН-2М,УРАЛ-Т22,ЭТАН-1)和 2 723K(МПГ-6,ГМЗ,ГЭ)。

乱层热解碳结构的有序排列及其密度增加要求不低于 2 573K 的温度。

在与电热学中针对中型和大型高温电热装置广泛所采用的 ГМЗ,ППГ,ВПП,МГ-1,ЭГ-0,МПГ-7,МПГ-6 牌号相比较时,对表 5.6 中性能的分析和概括就有可能做出下列结论:

(1)在气孔率、决定材料使用期限的参数(由于与装置的气相相互作用)方面,混杂填料碳/碳复合材料为 12%～14%的水平,而石墨为 20%～25%的水平;

(2)在抗弯强度极限方面,石墨为 3～30MPa 的水平,而混杂填料碳/碳复合材料为 65～90MPa(优势达 3～20 倍),这就从实质上减小了加载弯曲的热结构零件质量;

(3)在抗压强度极限方面,石墨为 20～75MPa 的水平,而混杂填料碳/碳复合材料为 55～70MPa(下限的优势达 2.75 倍),计算热结构零件时采用下限;

(4)在密度方面,石墨的水平不小于 1.6g/cm^3,而混杂填料碳/碳复合材料的水平不超过 1.45g/cm^3,在所需的强度水平条件下,零件的质量小了 15%～20%;

(5)未发现 УКПМ-2,УКПМ-3 牌号的内部缺陷(分层、空洞),而 УКПМ-1,УПА-0,УПА-0-Э 牌号的缺陷总面积为制品总面积的 0.4%～0.7%(缺陷特性是点状的,面积不超过 120mm^2);

(6)在导热系数方面,石墨为 70～210W/(m·K)水平,而混杂填料碳/碳复合材料的导热系数为 5～40W/(m·K),这种性能就有可能使用混杂填料碳/碳复合材料制品作为热防护时大大减小热损失。

对各种不同牌号混杂填料碳/碳复合材料性能的分析表明,УКПМ-2牌号具有最高的强度性能,环向或与壳体母线成角度增强方式和碳纤维增强材料在气压釜固化的УПА-0,УПА-0-Э牌号的气孔率较高,УКПМ-1牌号的导热系数最小是由混杂填料碳/碳复合材料的结构因热处理温度低而造成的有序性程度小所决定的。然而,这种牌号价格最低。因而,预计低温(达 1 473K)高温电热装置的应用领域是相当广泛的。

5.3　混杂填料碳/碳复合材料的混合物含量、化学纯度和化学性能

众所周知,石墨的抗氧化性随着石墨晶体结构的有序化而增大。玻璃碳的氧化开始温度特别高,掺杂某些杂质(例如铁、钒、钠,它们是氧化过程的催化剂)会使抗氧化性急剧降低,因此,碳石墨材料中杂质对制品的使用性能有不良的影响。在制备半导体材料、制备特纯物质时,对杂质的最小含量要求在不断提高并规定严格。

石墨作为汲送酸、碱所用泵中的密封在化学工业中的广泛使用也给杂质的含量加上很大的限制。上面所说的也完全可搬到混杂填料碳/碳复合材料中,因此,对混杂填料碳/碳复合材料化学纯度的要求是相当高的。

高纯度石墨通常是在 2 400℃以上温度的石墨化阶段上用氯净化方法制备。不管是从劳动保护条件观点来看,还是从所得到的再生残渣观点来看,净化过程都是极其有害的。混杂填料碳/碳复合材料化学纯度方面的性能在表 5.7 中列出。表中也列出了广泛用于带有化学纯度要求的高温过程的 ТУ4801-4-80МГ 牌号石墨中最有害杂质的含量。ОСЧ-7-3,ОСЧ-7-2特纯石墨(净化并用氯化合物处理)和生产人造金刚石的高纯度石墨中的杂质含量在表5.8中列出。

表 5.7　混杂填料碳/碳复合材料中的杂质含量

杂质	杂质的质量分数(≤)/(10^{-5}%)			
	УКПМ-1	УКПМ-2	УКПМ-3	未清除的 МГ 石墨
硅(Si)	100	100	10	940
铁(Fe)	300	70	70	300
铝(Al)	60	40	40	40
镁(Mg)	60	50	50	80
硼(B)	2	2	2	2
铜(Cu)	1	1	1	4

续表

杂质	杂质的质量分数($\leqslant$)/(10^{-5}%)			
	УКПМ-1	УКПМ-2	УКПМ-3	未清除的 МГ 石墨
锰(Mn)	10	10	10	20
总含灰量	533	273	183	1386

注:ТУ4801-4-80МГ牌号石墨(未净化)。

表5.8　氯化合物处理后特纯石墨中的杂质含量(质量分数($\leqslant$)/(10^{-5}%))

杂质	ОСЧ-7-3(ГМЗ,МГ-1,ППГ,ЗОПГ)特纯石墨	ОСЧ-7-2(ГМЗ,МГ-1,ППГ,ЗОПГ)特纯石墨	生产人造金刚石的高纯度石墨
硅(Si)	50	60	100
铁(Fe)	3	60	300
铝(Al)	3	10	100
镁(Mg)	3	3	30
硼(B)	1	20	50
铜(Cu)	1	1	10
锰(Mn)	1	1	50
总含灰量	62	155	640

混杂填料碳/碳复合材料可被看作是在腐蚀介质中耐腐蚀性高的非金属结构材料。

选作对现代工艺过程具有意义的腐蚀介质如下:

(1)浓硫酸、浓盐酸和浓硝酸;

(2)不同浓度的碱溶液;

(3)含卤化物中性溶液;

(4)腐蚀介质温度为293K和353K。

对耐腐蚀结构形式设备的要求是从中央化学和石油机械制造科技信息研究所(俄罗斯莫斯科)的目录数据借用的。选作表征腐蚀介质中非金属结构材料耐蚀性的参数如下:

(1)在一定的时间间隔内置放和随后烘干后试件质量相对于试件初始质量的变化(增大或减小);

(2)在一定的时间间隔内置放和随后烘干后试件线性尺寸(体积)相对于试件初始线性尺寸(体积)的变化。

在腐蚀介质中的试验持续时间330h。所选的参数以前用于表征碳石墨材料在腐蚀介质中的稳定性。这些参数不仅考虑到混杂填料碳/碳复合材料介质界面上腐蚀介质的相互作用,而且还考虑到因扩散腐蚀介质在材料体积内渗透时的相互作用。

为了定量评定腐蚀介质中耐蚀性,选择了下列准则。

B—高稳定性准则:试件质量变化不超过 0.2%,线性尺寸(体积)变化不超过 1%;

X—稳定性准则:试件质量变化不超过 3%,线性尺寸(体积)变化不超过 5%;

O—较稳定性准则:试件质量变化不超过 5%,线性尺寸(体积)变化不超过 8%;

H—不稳定性准则:试件质量变化超过 5%,线性尺寸(体积)变化超过 8%。

试验结果在表 5.9 中列出,表中也列出了钛和 Х23Н28М3Д3Т 复杂合金钢的数据。

表 5.9　腐蚀介质中材料对比稳定性(试验持续时间为 330h)

材料	浓 HNO$_3$		浓 H$_2$SO$_4$		浓 HCl		饱和 NaCl		不饱和 NaCl		饱和 NaOH		不饱和 NaOH	
	试验温度/K													
	353	293	353	293	353	293	353	293	353	293	353	293	353	293
УКПМ 所用的混杂碳纤维增强材料	H	H	O	O	X	X	X	X	B	B	X	X	X	X
УКПМ-1	H	H	O	O	X	X	B	B	B	B	X	B	X	B
УКПМ-2 УПА-0-Э	H	O	O	X	B	B	X	B	B	B	X	B	X	B
УКПМ-3	H	O	O	X	B	B	X	B	B	B	X	B	X	B
Х23Н28М3Д3Т	B	B	X	B	H	X	B	B	B	B	B	B	B	B
钛	B	B	H	H	H	O	B	B	B	B	B	B	B	B

注:H—不稳定的,O—比较稳定的,B—高稳定,X—稳定的;浓 HNO$_3$ 的浓度为 75%(密度 1.43g/cm^3),浓 H$_2$SO$_4$ 的浓度为 75%(密度 1.67g/cm^3),浓 HCl 的浓度为 36%(密度 1.179g/cm^3),饱和 NaCl 的浓度为 25%(密度 1.185g/cm^3),不饱和 NaCl 的浓度为 5%(密度 0.885g/cm^3),饱和 NaOH 的浓度为 45%(密度 1.48g/cm^3),不饱和 NaOH 的浓度为 10%(密度 1.11g/cm^3)。

对腐蚀介质中混杂填料碳/碳复合材料稳定性的测定结果分析表明:

(1)УКПМ-2,УПА-0-Э 牌号的混杂填料碳/碳复合材料在 293K 和 353K 温度的浓盐酸中的稳定性高,在 293K 温度的饱和氯化钠溶液和 293K 和 353K 温度不饱和氯化钠溶液中,以及在 293K 温度的饱和氢氧化钠溶液和不饱和氢氧化钠溶液中的稳定性高;

(2)УКПМ-1 牌号的高稳定性是在 293K 温度下饱和及不饱和氯化钠、氢氧化钠溶液中得到的,在 353K 温度下只是在不饱和的氯化钠溶液中得到了高稳定性;

(3)УКПМ 所用的混杂碳纤维增强材料证明了在 293K 和 353K 温度下在各种不同浓度氯化钠溶液中的高稳定性;

(4)未发现混杂填料对 УКПМ-2,УПА-0-Э,УКПМ-3,УКПМ-1 牌号混杂填料碳/碳复合材料稳定性增大(减小)的影响;

(5)УКПМ-2,УКПМ-3,УПА-0-Э 牌号的混杂填料碳/碳复合材料在 293K 和 353K

温度的浓盐酸中的稳定性指标大大超过钛和 X23H28M3Д3T 复杂合金钢的稳定性指标。

5.4 各种不同牌号的混杂填料碳/碳复合材料的实际应用领域

所研制出的混杂填料碳/碳复合材料属于高温材料类。这种材料的制品在空气介质中的使用温度不超过 600K,在惰性介质或压力不小于 1.33Pa 的条件下,长期使用的温度达 3 073K。

为了在工业条件下试验,选择了 UL VAC-FHV-90-GS 高温热电装置(日本)、УПФ-842 高温热电装置(制造厂在俄罗斯)、4.2MN 和 20MN 热等静压机(制造厂在俄罗斯)、УНЭС-101 反应器(制造厂在乌克兰)。

在伽马开放型股份公司 УНЭС-101 反应器中 УПА-0 牌号混杂填料碳/碳复合材料的试验结果使在沉积外延涂层时将产品的质量指标提高不少于 20%~25%成为可能。目前,在其它高温热电装置上的试验还在继续。

UL VAC-FHV-90-GS 高温热电装置在"发动机城"开放型股份公司第 3 车间进行了试验,用来热处理钎焊的航空发动机零件和部件。用 УКПМ-2 牌号的碳/碳复合材料制作了加热器、支承台、固定绝热装置的热应力承力屏蔽(见图 5.4)。设计文件 48001Д.15.077.0.000,设计单位为乌克兰国家碳复合材料工厂设计部。

在发动机城开放型股份公司第 3 车间的热处理过程温度为(1 538±10)K,炉腔中的绝对压力为 6.65×10^{-3} Pa,达到绝对压力工作水平 6.65×10^{-3} Pa 的抽真空速度在炉子的合格证数据范围。预计将热部件的寿命增大 50%(按照计算)。由于热部件的整体结构,混杂填料碳/碳复合材料热部件的装配时间就减少了 3/5~2/3。

УПФ-842 高温热电装置在发动机城开放型股份公司第 3 车间进行了试验,用来对钛零件铸件的碳铸模煅烧。用 УКПМ-2 牌号的碳/碳复合材料制作加热器和固定绝热装置的热应力承力(上、侧、下)屏蔽(见图 5.5)。设计文件 4801Д.04.228.0.000,设计单位为乌克兰国家碳复合材料工厂。由于采用整体结构,热部件安装的劳动量缩短了 5/6。

现已达到(1 923±10)K 的煅烧过程工艺温度级,这就有可能提高铸模的煅烧质量。以前的温度级不超过 1 843K,将煅烧温度增大 80K 就有可能将煅烧工艺周期的时间缩短 1/2。由于热部件的质量和比热值低,冷却的时间也减少了 1/2,电能的消耗从 1 300kW·h 减小到 460kW·h。电能消耗如此急剧减小的原因是傅科电流产生方向中混杂填料碳/碳复合材料比电阻的各向异性。热应力承力屏蔽的高强度性能就有可能减小屏蔽的厚度并成比例增加绝热装置的厚度。较之石墨的低导热系数值(混杂填料碳/碳复合材料在与层垂直方向上的 $\alpha = 25\sim35$W/(m·K),而石墨的导热系数 $\alpha = 75$W/(m·K)附加减小了通过高温热电装置绝热装置的热损失。

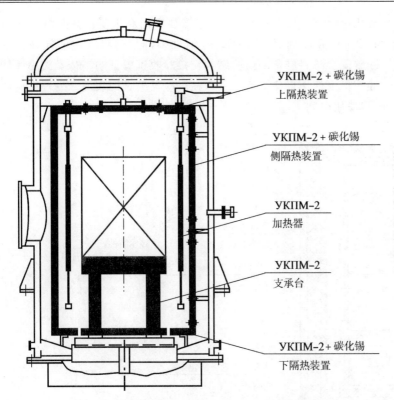

技术特性：
加热温度为 1 573K；
介质为真空；
需用功率为 90kW；
最小真空度为 6.5×10^{-2}Pa；
装配的劳动量为 12 人 /h；
进入状态的时间为 2~10h；
工作寿命为 12 个月。

UKПM-2 + 碳化锡
上隔热装置

UKПM-2 + 碳化锡
侧隔热装置

UKПM-2
加热器

UKПM-2
支承台

UKПM-2 + 碳化锡
下隔热装置

图 5.4　钎焊、焙烧航空发动机零件和部件所用的 ULVAC - FHV - 906S 电阻炉

全苏冶金机器制造科学研究设计院开放型股份公司（俄罗斯）的压力为 20MN 和 4.2MN 的热等静压机高温热电装置用来在高温条件下压制金属、合金和非金属化合物。按照订货方的图纸，用技术条件 48-4801Д.006.89 的 УПА-0-Э 牌号混杂填料碳/碳复合材料制作了加热器、罩、衬套和支承台。根据目前所继续试验的结果，УПА-0-Э 混杂填料碳/碳复合材料的加热器由于力学强度大而具有比其它材料加热器大 2~3 倍的工作寿命（根据压制力）。当混杂填料碳/碳复合材料比电阻为 40~80Ω·mm²/m 时，可增大加热器的截面，这就会增大加热器的工作寿命。УПА-0-Э 混杂填料碳/碳复合材料比电阻随温度的变化具有稳定的特性，这就保障将其作为热敏电阻使用的可能性，这就可用于使热等压机温度状态自动化。混杂填料碳/碳复合材料罩符合胶合缝处透气性的要求（不"放气"），罩的工作寿命为 100~150 个周期，这就比石墨大 4 倍。衬套、支承台依靠力学强度具有 100~150 个周期的工作寿命，这比石墨类似物寿命大 4 倍。混杂填料碳/碳复合材料热部件的所有零件都符合材料纯度的要求。

УНЭС-101 反应器高温热电装置在伽马开放型股份公司（乌克兰）第 1 车间进行了试验，用来在制作微型处理器的集成块时制备外延膜结构。对于这种反应器来说，按照订货方的图纸，用技术条件 48-4801.Д.006.89 的 УПА-0 牌号混杂填料碳/碳复合材料制作了上屏蔽和下屏蔽。由于用试验屏蔽替代批量石墨屏蔽,依靠在碳布增强方向和上层绝热装置中导热系数性能的高均匀性将沿衬底托板高度的温度梯度缩减到最小,同时,将电能消耗降低了8%～10%。采用混杂填料碳/碳复合材料制备的试验结构交接验收试验证明了依靠减小线性结构区域系数的较高质量。屏蔽保证使用寿命为 9 个月。在反应器的金属表面未发现反应产物,这就提高了反应器的寿命和使用时间。

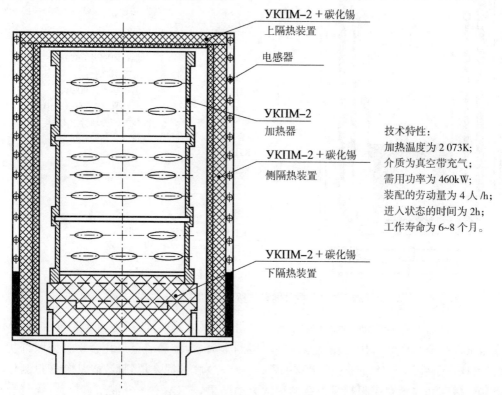

技术特性:
加热温度为 2 073K;
介质为真空带充气;
需用功率为 460kW;
装配的劳动量为 4 人/h;
进入状态的时间为 2h;
工作寿命为 6~8 个月。

图 5.5 煅烧钛铸件碳铸模所用的 УПΦ–0842 感应加热电炉

在分析电热学用高温材料的性能和使用主要特点的基础上,可以做出某些结论。譬如已确定,碳石墨材料是最广泛使用的材料;已查明世界实践中高温热电装置的发展主要趋势如下:

(1)增大工作空间尺寸;

(2)增大工作温度范围;

(3)降低单位能耗标准。

应指出,结构石墨的工艺可能性(尺寸、形状)和性能(抗弯、抗拉强度指标低,多孔性高)对于解决长远问题来说已用尽,这就提出了混杂填料碳/碳复合材料能解决高温热电装置长远发展的现实问题。所研制出的四种牌号混杂填料碳/碳复合材料具有实际重要性。必须指出,根据价值准则,四种牌号混杂填料碳/碳复合材料的电物理性能用于不同的应用领域。所介绍的这些牌号材料的结构表明,电物理性能的变化取决于热处理温度。

测定并介绍了四种牌号混杂填料碳/碳复合材料的强度(力学)性能和热物理性能。对所得到的数据分析表明混杂填料碳/碳复合材料对结构石墨具有实质优势,混杂填料碳/碳复合材料抗弯强度极限超过结构石墨 2～19 倍、抗拉强度极限超过 0.3～3 倍、抗压强度极限超过 1.25 倍、混杂填料碳/碳复合材料的密度比结构石墨低 15%～20%。因此,在将零件质量最低限度减小 1/2～2/3 的情况下,可保障混杂填料碳/碳复合材料零件所需的热强度。混杂填料碳/碳复合材料气孔率比结构石墨气孔率低 1/2 水平,就能够预测其具有较长使用期限(根据现有的实际经验,试用期限增加一倍以上);混杂填料碳/碳复合材料导热系数比结构石墨气孔率低 1/2～3/5 的水平就有可能使得在作为绝热零件使用时减小热损失。对所研制牌号的混杂填料碳/碳复合材料在有害杂质含量方面的化学纯度分析表明,不用专门净化,混杂填料碳/碳复合材料的纯度就高出结构石墨 1～5 倍。在 293K 和 353K 温度条件下,混杂填料碳/碳复合材料在盐酸这类腐蚀介质中的稳定性超过钛和复杂合金钢 X23H28M3Д3T,因此,可将混杂填料碳/碳复合材料看作是盐酸存储和处理设备的结构材料。

对所有牌号的混杂填料碳/碳复合材料密实性的超声波检验表明,УКПМ－1 内部缺陷不超过零件面积的 0.4%,УПА－0(УПА－0－Э)的内部缺陷不超过零件面积的 0.7%,对于 УКПМ－2 和 УКПМ－3 来说,未发现内部缺陷。

在伽马开放型股份公司测定了 УПА－0 牌号混杂填料碳/碳复合材料的使用效率指标,这些指标证明比以前所采用的材料高(40～70)%。在发动机城开放型股份公司(乌克兰)和全苏冶金机械制造科学研究设计院开放型股份公司 УКПМ－2 和 УПА－0－Э 牌号混杂填料碳/碳复合材料的使用效率指标是根据实际使用数据计算出的。在伽马开放型股份公司(乌克兰)、发动机城开放型股份公司(乌克兰)、全苏冶金机械制造科学研究设计院开放型股份公司(俄罗斯)混杂填料碳/碳复合材料的初步试验数据和根据这些数据所完成的计算使下列优势成为可能:

(1)将能耗降低 30%～70%;

(2)将炉子工作准备的劳动消耗减小 1/2～4/5;

(3)将工艺周期的持续时间缩短 10%～40%;

(4)将加热器和炉衬的寿命增大 50%～200%。

5.5　碳/碳-碳化硅体系复合材料制备工艺问题现状

碳/碳-碳化硅体系碳陶瓷复合材料是用将增强组分碳纤维和含有碳、碳化硅和游离硅的复合基体体积结合制备的,它们的制备工艺是建立在可焦化低聚物(例如,在俄罗斯、哈萨克斯坦和乌克兰境内生产的酚醛树脂 CΦ-010,CΦ-010A,CΦ-342A,其它酚醛树脂)基初始碳纤维增强材料的聚合基体焦炭和游离硅热化学转化基础之上的。所得到的复合材料基体中不同结构的碳、碳化硅和游离硅含量比可能是不同的。在这种情况下,碳纤维含量的保持和游离硅最小值就具有原则性意义。

增强碳纤维与碳化物基体的相容性和相互作用应保障建立在保持复合材料每一种组分最高性能的协作效应——碳纤维保障强度性能,而碳化硅保障复合材料抗使用各种不同化学腐蚀介质因素的作用性。热力和化学相容性以及基体与增强材料之间相互作用的反应特性原则上首先影响制备工艺过程,影响所制备复合材料的物理-力学性能,并决定着对作为材料组分的基体和增强材料的综合要求。应将制备阶段和复合材料使用时的碳纤维和碳化物基体的热力相容性和化学相容性区分开。当硅熔体与已碳化的碳纤维增强材料材料热力相互作用生成碳化硅基体时,已碳化的碳纤维增强材料多孔结构就提供了硅与碳纤维接触的许多可能性。这些相界面上的反应由于纤维的碳转化成碳化硅使得碳纤维性能降低,碳纤维增强材料数量和所选分布方式的减小就会急剧降低复合材料的强度性能,碳与硅之间的高化学活性就使得完成保持碳纤维增强材料数量和所选分布方式的特殊要求成为必须。因此,硅与碳纤维接触是不允许的。

就物理-力学性能和热物理性能相容性而言,碳纤维和碳化硅陶瓷基体较其它耐热和热强组分是一对最稳定的物理-化学相容组分。由于高温条件下的物理-化学相容性,这对组分作为耐热和热强复合材料得到了广泛实际应用并具有相当大的商业成就。

对各种不同碳纤维和热强基体材料热物理性能的比较分析表明,就线膨胀系数值水平而言,黏胶丝基碳纤维与碳基体和碳化硅基体相容性好。聚丙烯腈基高模量和超高模量碳纤维由于其弹性模量超过碳化硅基体的相应指标而能够较实质地增大碳陶瓷复合材料的强度性能,但是,由于高应力变形状态,以它们为基础制备无分层缺陷的复合材料不会成功。依我们之见,这种现象的主要原因是基体和高模量纤维增强材料的线膨胀系数差别大。

用黏胶丝生产的碳纤维材料在强度性能级方面不可能形成与聚丙烯腈碳纤维的竞争,然而,它们拥有聚丙烯腈纤维所不固有的综合性能。在使用布形式的增强材料时,即使是在两个方向中保障相同的性能都是可能的,同时,可用铺放布形成两个方向中相同的性能或相反差异相当大的性能,因此,使用经向和纬向强度不同的碳布。

石墨化黏胶丝纤维布较聚丙烯腈基纤维的优点如下:

(1)纤维比表面高;

(2)具有所需的线膨胀系数;

(3)再处理的工艺性高;

(4)化学惰性高;

(5)摩擦因数和所需的导热系数低。

黏胶丝碳纤维作为结构材料填料主要以布和带的形式使用。

性能的一定结合就预先决定了黏胶丝碳纤维材料的某些应用领域。石墨科学研究院开放型股份公司(俄罗斯莫斯科)所生产的用于碳化时增强的各种不同牌号石墨化布物理力学性能在表 5.10 中列出。

表 5.10 石墨科学研究院开放型股份公司生产的石墨化布物理力学性能

参数	指标
宽度为 5cm 的小带断裂强度极限/MPa	经纱 750～820
	纬纱 145～157
质量/(g·m⁻²)	240～255
纤维强度/MPa	570～980
含碳质量分数/(%)	不小于 99
纤维直径/μm	8～9
含灰分质量分数/(%)	不超过 1.0
标准条件下的导热系数/[W·(m·K)⁻¹]	0.12～0.16
比热容/[kcal·(kg·℃)⁻¹]	0.17～0.21
比电阻/[(Ω·mm²)·m⁻¹]	95～105
20～1 000℃下的线膨胀系数/(10⁻⁶K⁻¹)	2.0～4.0

除与物理-力学水平方面的要求相符外,碳纤维应具有高温条件下的耐热性和热稳定性。这个性能说明了碳纤维改变自己形状、尺寸和物理-力学性能的能力。在给定复合材料制备和使用过程的温度条件下,碳纤维组成和性能的热化学变化应依然是稳定的。众所周知,碳纤维的热稳定性实际上完全取决于其制备的最终温度。高温处理时的碳纤维应具有超过材料使用最大温度不少于 100～150℃的温度。

试验研究结果查明,碳化过程从 1 050℃开始,因而以后碳化过程的速度与温度有接近指数曲线的关系曲线。

在研制聚合结焦黏合剂基体时,对于碳基体来说,必须考虑到,视树脂类型而定的聚合树脂焦炭值应在 57%～73%范围。根据成型的压力,由开口和封闭气孔构成的多孔结构应达 40%以上。复合材料的焦炭残渣包含有一定数量的裂纹及各种形状和尺寸的气孔形式的结构缺陷。

试验查明,在完成综合工艺过程的所有工序后剩下的基体气孔率会明显降低碳陶瓷耐热制品的强度、气密性和热稳定性。

从高焦炭值、碳化时碳基体的生成、输送型开口气孔的均匀分布观点来实现选择聚合黏合剂组分的特别重要。在生成随后用硅饱和的输送型开口气孔基础上制备碳陶瓷热强和耐热复合材料的方法是由俄罗斯莫斯科石墨科学研究院联邦国家统一企业的 H. M. 切尔年科、H. Ю. 别依林、Д. H. 切尔年科所研制的。

作为耐热性制品成型过程基础的是,用预浸材料铺放或缠绕毛坯件层叠、随后直接压制、气压釜或热压缩成型及固化的方法。

采用预浸材料既能改进复杂几何形状的薄壁制品的成形过程,也能改进大厚度的整体制品的成形过程。采用预浸材料会大大扩展对材料改性的可能性,以便保障在碳化、高温致密和渗碳化物范围内进行热化学转化过程。

广泛使用聚合酚甲醛低聚物或酚醛树脂来制作耐热性制品,在碳化时,这些低聚物或树脂生成残碳值为 54%～57% 的强固体碳。这些低聚物的价格不高并符合质量/价格标准,然而它们固有某些缺陷,这些缺陷会造成制备碳陶瓷复合材料时的困难。碳化时,酚甲醛低聚物在残焦炭中形成大多数封闭气孔和不通气孔的倾向性在碳化的毛坯件制品高温致密和渗碳化物时对扩散过程的进行有着不利影响。为了打开这些气孔,必须在不小于 1 800℃ 温度条件下进行专门处理,但是,在这种处理后,而有时甚至是几次处理后打开的远不是所有气孔。这个缺陷可通过采用在热解时不会生成焦炭或生成少量焦炭的聚合组分对酚醛树脂改性的途径消除。这种组分应首先均匀分布在酚甲醛低聚物基溶液或熔体中,而固化后以三维网格形式均匀分布聚合基体中,碳化时由于热解从聚合基体中就会除去这种组分,在碳基体中就形成开口的气孔体系。这种气孔体系第一有助于在碳化时改善从所生成的碳基体中脱去酚甲醛低聚物挥发物,第二有助于在高温致密和渗硅时可容易填充热解碳和/或碳化生成元素和化合物。

在制备预浸材料时,可在酚醛树脂中采用不生成焦炭的组分。必须不加入不结焦的组分使其固化的与酚甲醛低聚物直接化学相互作用。可固化的不结焦组分初级网络的合成通过电离辐射途径实施。在这种辐射条件下,酚醛树脂(酚甲醛低聚物)不加入固化反应,以后在加热时达到酚醛树脂(酚甲醛低聚物)处在凝胶或黏流状态的温度,不结焦的组分就开始被分解并形成输送型气孔。在这种状态下,稳定温度,不进行酚醛树脂(酚甲醛低聚物)固化反应。在不结焦的组分分解结束后进一步升温并发生酚醛树脂(酚甲醛低聚物)固化反应,在碳化时最终除去不结焦的组分。在这种情况下,在制备碳纤维增强材料的温度处理条件下所形成的运输型气孔体系就得到了保持。

对用不结焦组分改性的碳纤维增强材料制备和改性酚醛树脂碳化时热解过程的研究是用热重力分析和差热分析的组合方法并采用 MOM 公司(匈牙利)Ф. 帕乌里克、Й. 帕乌里克和Л. 耶尔戴装置的 ОД-103 衍射仪进行的。为了研究气孔结构,采用了测定表面面积和测量固体材料气孔率的 ASAP2020 装置。用这种研究查明,在不结焦组分碳化时所形成的导气毛细管没有被封闭,气孔在碳化时的酚醛树脂热解后依然是开口的,因为酚醛树脂热解的气态产物可沿以前所形成的运输型气孔体系排出,从而增大了气孔尺寸。在碳基体碳化时碳基体中开口气孔的这种形成机理已由研究结果证实。

与用未改性酚醛树脂所制备的材料试样相比,重新制作的半成品试样和由改性酚醛树脂基预浸材料制备的最终材料试样具有一个水平级的物理力学性能指标,同时,所制备的碳纤维增强材料和碳/碳复合材料(不随后浸渍)作为结构材料得到独立应用。

　　根据使用条件,热结构制品应具有高的热稳定性和强度。然而,在碳陶瓷复合材料总的综合性能中,这些性能以奇异方式组合,即复合材料热稳定性寿命随着复合材料硅化(碳化)度的提高而增大,但是,同时出现强度降低的趋势。在制备过程中,使用有助于在碳化毛坯件的碳基体中形成输送型开口气孔体系的改性酚醛树脂会从实质上减小陶瓷复合材料强度降低的趋势并提高陶瓷复合材料的硅化度。所观察到的效应是与碳化过程取决于碳基体在高温条件下与硅相互作用的能力相关的。在这种情况下,碳基体的化学活性应超过碳增强的碳纤维与硅相互作用的活性。在形成碳基体中输送型开口气孔的接触面积扩大就大大提高了碳基体在与硅相互作用时的化学活性,并有助于碳基体较充分浸渍液硅。浸渍稍发生在硅与基体碳化学相互作用开始并生成碳化硅之前,这就有助于开口气孔体积填充硅,从而就提高了硅化度。已查明,复合材料的基体碳在与硅相互作用时的化学活性高于增强纤维碳的化学活性。依我们之见,这种现象的原因是纤维碳的原子之间的结合能较高。这种结合能是利用纤维处理的较高温度所形成的,这个温度在 2 200℃以上,同时,碳化的最大温度在 1 050℃以下。因此,已碳化复合材料的硅化过程是按选择原则——主要是依靠焦化基体的碳与硅相互作用进行的,结果就得到表观密度为 2.5～2.7g/cm³ 的高硅化度复合材料。所制备的复合材料的抗弯强度极限为 120～140MPa,这就说明该种材料是种结构材料。复合材料中增强碳纤维的存在,除了提高复合材料的热稳定性外,还增大复合材料的冲击强度。输送型气孔体系所形成的碳陶瓷复合材料在载荷下的破坏特性变得较有韧性,它丧失了绝对脆性破坏的能力。材料的抗压强度极限为 250～300MPa、抗拉强度极限为 60～80MPa、弹性模量为 120～140GPa、线性膨胀温度系数为 $3.5×10^{-6}～4.5×10^{-6}K^{-1}$、导热系数为 6～8W/(m·K)。

　　所研制的有代表性的碳陶瓷复合材料广泛用来制作发动机承力结构和部件、各种不同用途的附件、飞行器的热防护、激光和火箭技术装备以及电热设备(加热器、热防护、热屏蔽、炉衬)。实现所列举的 УКПМ 牌号混杂填料碳/碳复合材料碳化工艺方式就有可能根据所得到性能大大扩展复合材料的使用条件。碳化硅涂层大大提高了在空气中的使用温度。

　　制备碳化硅扩散涂层各种工艺问题的解决就使得能源火箭-航天综合体(俄罗斯)、火花科学生产联合体(俄罗斯)和克尔德什中心(俄罗斯)在俄罗斯火箭发动机制造业中首次研制出了、并在 11Д58М РБ ДМ-SL 发动机上采用了辐射冷却的"戈拉乌里斯"碳陶瓷复合材料喷管扩张段。这个成果是在不同的一体化企业几年内所完成的研究后取得的,在这种情况下,能源火箭-航天综合体与火花科学生产联合体、克尔德什中心和中央机械研究所共同建立了计算方法基准,这个基准能够进行研制和采用大几何膨胀比的金属和碳喷管扩张段。在完成这些工作后,就不需要高昂花费对带全尺寸喷管扩张段的发动机在为此专门装备的试验台上进行点火试验。在完成研究时,用喷管可冷却部分的标准固定装置并使用风洞对长度 100～300mm 的不可冷却模型喷管扩张段进行了点火试验。在这种情况下,喷管的几何膨胀比 f_a 为 140,11Д58М 全尺寸发动机中喷管可实现的实际膨胀比 $f_a=280$,辐射冷却的喷管扩散段是用"戈拉乌里斯"碳陶瓷复合材料制作的,这种材料含有抗氧化的碳化硅防护涂层。涂层材料

主要由 β 相和 α 相碳化硅构成。工作是由下列协作单位进行的:克尔德什中心联邦国家联合企业——问题的科研领导、能源火箭-航天联合企业——制作 11Д58М 发动机并进行点火试验、火花科学生产联合体——提供辐射冷却扩散段、中央特种机械研究所——研制并涂抗氧化的碳化硅涂层。11Д58М 发动机上采用新牌号碳/碳复合材料的辐射冷却扩张段就有可能将工作时间增大到 1 300s,并将比冲(较之类似扩张段)增大 7~8s。在对新扩张段试验时,11Д58М 发动机的主要特性如下:

(1)推进剂的组分为氧+萘基;

(2)燃烧室中的压强为 75~80kg/cm^2;

(3)喷管喉部的直径为 84mm;

(4)喷管膨胀比为 184;

(5)扩张段长度为 700mm。

笔者对 1989—1990 年在扎波罗日电极厂(乌克兰)制作的 ТУ48-4807-175-87"戈拉乌里斯"已碳化碳纤维增强材料扩张段试件用热解碳和热解碳化硅进行了饱和,达到了表 5.10 中所列出的值,所制备的材料"曙光-1"试样 10 个指标的试验在表 5.11 中列出。最初得到的结果表明了在硅原子真空蒸发和硅在复合材料气孔结构中沉积时可得到的复合材料性能极大优势。为了比较,硅原子的尺寸为 135nm 或 1.35×10^{-10} m。现代纳米工艺采用尺寸 1~100nm 或 $1 \sim 100 \times 10^{-10}$ m 的粒子,并通常将它们称为"纳米粒子"。

表 5.11　根据现有信息计算的"埃罗洛尔-22"指标值

指标	"曙光-1"扩散段(专著作者的新研制)	带涂层的"戈拉乌里斯"扩散段(苏联)	带涂层的国外类似用途物体"埃罗洛尔-22"(法国)
1)表观密度(≥)/(kg·cm^{-3})	1.55~1.57	1.50~1.55	1.50~1.55
2)热解碳质量分数(≥)/(%)	3.0	10.0	10.0
3)热解碳化硅质量分数(≥)/(%)	17.0	13.0	13.0
4)游离硅质量分数(≤)/(%)	1.5	1.5	1.5
5)开口气孔率(≤)/(%)	3.0	4.8	4.5
6)沿母线的抗拉强度极限(≥)/MPa	80	75	77
7)切线方向抗拉强度极限(≥)/MPa	55	50	52
8)沿母线的抗压强度极限(≥)/MPa	130	130	130
9)沿母线的抗弯强度极限(≥)/MPa	140	130	130
10)沿母线的静态弹性模量/MPa	$2.9 \times 10^5 \sim 3.4 \times 10^5$	$1.9 \times 10^5 \sim 2.4 \times 10^5$	$2.0 \times 10^5 \sim 3.0 \times 10^5$

我们已开始研制电热用途的 УКПМ - 1 - SiC,УКПМ - 2 - SiC,УКПМ - 3 - SiC,УПА - О - SiC,УПА - О - Е - SiC 牌号的新碳陶瓷混杂材料。我们的工作方向是与在碳纤维布的防护阶段生成热解碳化硅和扩散饱和热解碳基体相关的,所研究的是碳布增强材料和热解碳化硅基体的复合材料方案。

在实验室条件下制作的试件性能在表 5.12 中列出,试件的组成质量分数为碳布 40%,聚合物焦炭 20%,热解碳 15%,热解碳化硅 25%,材料制备工艺的研究和试验还在继续。我们遇到的主要问题是形成所需气孔结构的碳纤维增强材料。对于小尺寸的制品来说,在碳纤维增强材料中形成输送型气孔不会引起困难。在增大毛坯件尺寸时,实施均匀加热就需要在所需的温度条件下相当长的保持时间。

表 5.12　混杂碳碳化硅复合材料在(293±5)K 温度下的力学性能和热物理性能

参数名称	混杂填料碳/碳复合材料的牌号			
	УКПМ - 1SiC	УКПМ - 2SiC	УКПМ - 3SiC	УПА - SiC УПА - О - EsiC
在空气中的使用温度(≤)/K	1 573	1 573	1 573	1 573
在真空、氩气、氮气中的使用温度(≤)/K	1 300	1 300	1 300	1 300
密度/(g · cm^{-3})	1.35~1.4	1.4~1.5	1.45~1.55	1.32~1.4
气孔率(≤)/(%)	10	10	10	10
(垂直增强方向)的抗弯强度(≥)/MPa	110	140	140	110
(增强方向)的抗拉强度(≥)/MPa	70	80	80	70
(垂直增强方向)的抗压强度(≥)/MPa	250	270	270	250
(增强方向)293~2 273K 范围线膨胀系数/(10^{-6}K^{-1})	3.6~4.1	3.8~4.2	4.2~4.7	3.8~4.2
与层垂直的导热系数(273~1 773K)/[W · (m · K)$^{-1}$]	25~20	45~35	50~45	45~35
超声波检验分层面积占整个毛坯件面积的百分比	0.2	0	0	0.2
毛坯件的尺寸　长/mm	1 000	1 000	1 000	2 000
宽,直径/mm	500	500	500	φ800

注:材料的成分:乙烷-1(黏胶丝)碳布、СФ-010M 酚醛树脂焦炭、热解碳、分散石墨(40μ)、厚度(1±0.1)mm 渗滤涂层形式的碳化硅。УПА - О,УПА - О - Э 牌号回转体力学试验的试件切割方向平行母线。允许的分层特性是点状的,缺陷总面积不超过 12mm^2。

否则,由于在制备体积内焦化组分胶凝阶段的状态不相同,就不可能形成输送型气孔。在不同黏度的胶凝阶段焦化组分相的存在会形成尺寸不同的输送型气孔,各种不同尺寸的输送型气孔的进一步致密就会导致产生复合材料的不均匀性。

研制碳陶瓷复合材料的新前景必然是与材料的纳米粒子的制备过程和复合材料预制体饱和纳米粒子的过程相关的。所谈及的是复合材料制品表面防护涂层气动力学成型方法的广泛发展,这些方法的物理原理是建立在采用速度和温度宽范围变化的不均匀层流和紊流基础上的。气动力学方法在研制各种不同功能涂层合成的全新科技含量工艺方面起着决定性作用。例如,等离子工艺正是利用气动力学方法首次就解决了新性能材料(金属间化合物、金属陶瓷等)的研制问题。

虽然所研究问题具有迫切性及独特性,但到目前还未产生以实际应用可接受的可信度来描述在参数窄变化范围内具体层流和紊流与结构复合材料相互作用过程的物理模型。根据现有的国内外参考文献,实际上缺少在采用气动力学方法来制作碳基复合材料毛坯件方面的理论研究和实际成果。在气体化合物热解或材料真空蒸发时变化分散相的属性在这种研究方面具有特别的困难,因此,研制实现制备碳基复合材料毛坯件气动力学过程规律性和特点的方法和装置就具有特殊意义。

5.6　碳/碳-碳化硅体系摩擦复合材料制备工艺和性能现状

从 1970 年至今的四十多年,对于碳/碳摩擦复合材料的研制和性能的提高具有特别重要的意义。这种材料的高耐热性、高稳定的摩擦性能、力学性能和热物理性能保障了高的竞争优势并实际取代了高速飞机和载重飞机制动装置所用的所有其它摩擦材料。同时,这些材料已开始扩展自己的应用领域,比如,扩展到汽车和铁路运输工具上。碳/碳摩擦复合材料虽然具有一系列优点,但也具有一定的缺点,其中主要的是价格高、摩擦特性对水分和脏物的敏感性。这些缺点会导致摩擦因数值降低,这主要表现在大多数地面种类的运输工具特有的运动速度和温度较小的条件下。俄罗斯研制的最有效的"TEPMAP"牌号碳/碳摩擦复合材料物理力学性能在表 5.13 中列出。

"TEPMAP"牌号摩擦材料是带沥青基体或复合基体的碳布和高模量纤维基碳/碳复合材料,并在各种使用条件下具有稳定的摩擦性能。这种材料是新一代复合材料,这就是像 TEPMAP-ФММ,TEPMAP-ДФ,TEPMAP-АДФ 这类牌号的材料,这些牌号材料的特点是物理力学性能、热物理性能和摩擦性能极其新。研制者可通过改变碳填料、基体、材料的制备工艺达到变化复合材料的特性。

表 5.13　"TEPMAP"牌号碳/碳材料的物理力学性能

牌号		TEPMAP - ФММ	TEPMAP - ДФ	TEPMAP - АДФ
密度/(g・cm⁻³)		1.70~1.75	1.80~1.85	1.80~1.90
强度极限/MPa	抗压极限	100~120	120~150	150~200
	抗弯极限	140~160	80~85	130~150
	剪切强度极限	5~10	9~10	15~20
导热系数/[W・(m・℃)⁻¹]	平行于压制轴线	15~20	23~25	30~40
	垂直于压制轴线	35~40	50~100	50~60
线膨胀系数/(10⁻⁶K⁻¹)	在 20~200℃ 条件下	0.4~0.8	0.5~1.0	0.1~0.4
	在 20~400℃ 条件下	0.6~1.2	0.8~1.3	0.3~0.5
	在 20~600℃ 条件下	0.8~1.3	1.1~1.5	0.7
摩擦性能*	摩擦因数	0.35~0.40	1.5~2.0	0.25~0.30
	线性磨损(1 次制动)/μm	0.25~0.5	0.28~0.35	0.5~1.0
	在水分含量为 10%~15% 条件下的摩擦因数（作者数据）	0.25~0.30	1.1~1.6	0.22~0.26

注：* 摩擦性能是在 ИИ-5018 摩擦机上得到的。

在水分含量为 10%~15% 的条件下,TEPMAP - ФММ 的摩擦因数减小 26.7%,TEP-MAP - ДФ 摩擦因数减小 21.7%,TEPMAP - АДФ 摩擦因数减小 12.7%,这样就会降低这些材料的使用效率。

近十年来,研制碳纤维、碳和含碳化硅基体(碳/碳-碳化硅型)新型摩擦复合材料的工作得到了集约发展,研制出了只含碳化硅基体的材料。碳化硅与碳一样,是非常耐热的物质,在抗氧化性、耐磨蚀性、比热和导热性方面超过碳好几倍。在世界市场上,碳化硅基体的摩擦材料被称为碳陶瓷材料或只是陶瓷材料。与碳/碳摩擦材料相比,这种材料的价格较高,然而,碳陶瓷摩擦材料具有相当好的使用参数和较长的使用寿命。所得到的碳陶瓷摩擦材料的优点就可将碳陶瓷摩擦材料看作是对于在高速火车和某些起重运输设备制动部件中应用来说是最有前景的材料。

目前所研制这种材料的制备方式是极其不同的,这些工艺的实质区别是硅(液体硅、分散硅、含硅聚合物形式)渗入方式不同。

气相方法(Chmical Vapor Infiltyation,CVI)的实质是用任何方式制备多孔碳/碳预制体前体,并随后置入真空炉中,在炉温 950~1 050℃ 左右条件下将饱和挥发性硅和碳化合物蒸气,例如,甲基三氯甲硅烷(CH_3SiCl_3 蒸气的载体气体(氩气、氮气)供入这个真空炉中。用在气孔表面所分解并生成固体碳化硅残余物的含硅化合物对毛坯件气孔饱和,过程类似于热解碳饱和过程。

该过程的缺点是持续时间长、电能耗相当大。这个方法的优点是,无论是硅,还是碳都由气相提供,同时,保障性能的均匀性和增强材料与碳相互作用最小。

采用含硅聚合物制备的方法(Polymer Impregnation and Pyrolisis,PIP)是建立在任何制备阶段对碳毛坯件液相浸渍聚碳硅烷、聚碳硅氧烷或烃氧碳硅烷的基础之上的。在这种方法中广泛使用各种不同涂抹和加入硅方式的预浸渍体工艺。这个方法的缺陷是工序数量过多和含硅树脂价格高。

在实现称为"内部硅化"的方式时,将碳纤维与酚醛树脂和硅粉末(有时碳化硅添加剂)混合,借助加热和在200℃条件下压制用混合物制备毛坯件。将树脂在850℃温度下碳化,然后,在高于硅熔化温度的温度条件下(例如,在1 620~1 640℃温度下)对毛坯件进行热处理,在热处理过程中硅和树脂碳就会生成碳化硅。用这种方式制备的制品开口气孔率和封闭气孔率过高,因此,必须采用液相或气相致密方法对其致密。

在工业条件下,最广泛推广的是借助对碳基体液相浸渍已熔化硅来制备陶瓷摩擦刹车盘的方式(Liquid Silicon Infiltration,LSI)。这些方法已研制出并在美国、俄罗斯、法国和德国用来生产硅化石墨制品和一系列航天用途的复合材料。这种方式的生产效率是最大的,能保障高使用性能水平。

该过程的缺陷是制品体积范围内的性能稳定性不高。刹车盘毛坯件成型是用各种不同方法实施的。最有效的方法是用碳布或碳布带和酚醛树脂制备预浸材料并随后压制和加热,很少采用将分散碳纤维与硅粉末或包含在液体低聚物(树脂)组成中的硅混合以及随后加热和压制。气压釜成型不可能得到压制毛坯件材料所需的不小于8MPa的压力。树脂的固化(聚合)在不超过200~250℃的温度条件下进行,然后在不小于900℃的温度条件下在保护介质中对毛坯件进行碳化过程,在碳化过程结束后,就会得到多孔的碳/碳毛坯件,然后对毛坯件机加,使其具有形状和接近成品的尺寸并硅化处理,下来在真空中进行浸渍硅熔体的过程,最终的机加保障完成图纸给定的尺寸。在硅化处理过程中,熔化的硅通过渗入多孔碳/碳毛坯件的气孔和裂纹中的途径对毛坯件浸渍并与基体碳相互作用,从而就生成碳化硅。所得到的碳化硅在硬度和抗氧化性方面都超过碳,为减小脆性和提高热强度,必须保持增强碳纤维完好。所制备的刹车盘碳陶瓷材料包含有四种主要结构成分,即碳化硅、游离分散碳、游离分散硅和增强碳纤维。

我们已完成了对在研究TEPMAP－АДФ牌号半成品原材料的硅化试样性能时所得结果的分析。其作者对TEPMAP－АДФ牌号半成品材料制作的硅化复合材料以新牌号TEP-MAP－АДФ－OC命名,半成品含有碳纤维和沥青焦炭的碳基体,TEPMAP－АДФ牌号的半成品是由俄罗斯红宝石航空集团公司制作的。为了研究,红宝石航空集团公司使用了工艺工序有实质差别后致密度不同的四种试样。

第一种是在(900±10)℃温度烧制后的试样,第二种是在烧制和2 000℃温度下热处理后的试样,第三种是在烧制-浸渍-加压烧制和 2 000℃热处理后的试样,第四种是在烧制-浸渍-烧制-浸渍-加压烧制和 2 000℃温度下热处理后的试样。所有四种试样都经过了在绝对压力为 13.3Pa 的真空中和 1 620~1 630℃温度下的硅化工序,在相同硅化工艺条件下烧制、浸渍及热处理的不同四种工艺对所研究试样的物理力学性能和热物理性能平均值的影响在表 5.14 中列出。

表 5.14　四种不同烧制和浸渍工艺对硅化复合材料性能的影响

性能名称		在各种不同制备阶段上复合材料性能的平均值			
		第一种试样	第二种试样	第三种试样	第四种试样
密度/(g·cm⁻³)	硅化前	1.07	1.12	1.50	1.58
	硅化后	2.66	2.62	2.39	2.33
气孔率/(%)	硅化前	44.1	42.4	27.7	23.3
	硅化后	<0.01	<0.01	<0.01	<0.02
硅增重/(%)	硅化后	13.5	12.8	6.7	7.8
复合材料硅化试样的物理力学性能和热物理性能	导热系数/[W·(m·K)⁻¹] 平行方向中	75.4	89.8	88.6	76.4
	垂直方向中	71.7	66.6	59.0	60.6
	抗弯强度极限/MPa 垂直方向中	86.2	66.2	66.1	65.2
	抗压强度极限/MPa 垂直方向中	107.7	82.4	82.1	80.2
	抗剪切强度极限/MPa 垂直方向中	10.6	8.8	8.5	8.4
	在 20~200℃温度下的线膨胀系数/(10⁻⁶K⁻¹) 平行方向中	0.6~0.9	0.6~0.88	0.53~0.78	0.53~0.78
	垂直方向中	0.6~0.85	0.62~0.86	0.51~0.73	0.52~0.75

对所得到的密度和气孔率数据的分析表明了初始密度和气孔率对所得到结果的实质影响。第一种和第二种试样增重的增加比第三种和第四种试样增重增加高出了一倍。在这种情况下,如果将第一种和第二种试样密度的增加 148%~134%作为初始状态,那么,第三种和第四种试样密度的增加应为 24%~17%,实际上密度的增加为 59%~47%。

这样一来,就有了密度增加与试样初始密度的非线性关系。在这种情况下,应考虑到第三种和第四种试样过度浸渍的可能性。ТЕРМАР-АДФ-ОС 牌号复合材料导热系数的值变化很大,并在平行于压制轴线方向中是 ТЕРМАР-АДФ 材料导热系数 2 倍多,在垂直于压制方向中超过 ТЕРМАР-АДФ 材料导热系数 20%。在这种情况下,就从实质上减小了相对于压制轴线的不同方向中导热系数的差异。ТЕРМАР－АДФ 材料的差异为 $50\%\sim100\%$，而 ТЕРМАР－АДФ－ОС 的差异仅为 $20\%\sim30\%$。这个事实对于散热和减小温度差所引起的热应力具有非常重要的意义。

很难将强度试验结果称为成功。我们认为，这个结果的原因是部分碳纤维转化为碳化物基体。这个效应是这种工艺的缺陷，需要进一步完善。

关于摩擦材料性能结论的决定性结果无疑是使用试验。摩擦试验是用摩擦机 ИМ－58 在飞轮质量惯性矩为 $32.85N\cdot cm^2\cdot s$、旋转试样的旋转速度为 $2\ 500\sim2\ 700r/min(8.4\sim25.1m/s)$ 和工作面压强为 $0.3\sim0.7MPa$ 条件下进行的。必须指出，在 $0.7MPa$ 压强下试验过程中烧制后的硅化摩擦试样（第一和第二种试样）断裂了两次，这就是由于纤维"再处理"材料脆性过高的证明。所得到的结果表明，静态弯曲强度较高（86.2MPa 和 66.2MPa），不是摩擦材料工作能力的足够条件。

摩擦试验的结果在表 5.15 中列出，在表中也给出了摩擦因数、磨损随旋转速度和压力变化的关系。在宽试验条件范围内，所有试验用试样的摩擦因数值都很高且稳定，这些摩擦因数值比碳/碳材料的摩擦因数值高很多。对于在一个周期后进行硅化处理的试样（第三种试样）来说，摩擦因数与旋转速度的关系曲线是微上升的，这对于其它摩擦材料来说几乎是观察不到的。这些试样的摩擦因数实际上不会根据压力变化。摩擦性状的稳定性看来是与高横向导热系数值相关的，其结果是在制动时所释放能量不同条件下表面温度变化最小。

表 5.15　按照四种不同工艺制备的 ТЕРМАР－АДФ－ОС 牌号硅化摩擦复合材料使用试验指标

性能名称		不同制备阶段上复合材料性能平均值			
		第一种试样	第二种试样	第三种试样	第四种试样
在初始制动速度条件下的摩擦因数，压力为 0.5MPa	8m/s(制动速度)	0.51	0.51	0.38	0.49
	13m/s(制动速度)	0.45	0.45	0.41	0.57
	20m/s(制动速度)	0.38	0.38	0.43	0.46
	25m/s(制动速度)	0.35	0.35	0.43	0.53
在各种不同旋转速度制动时的线性磨损量(一次制动)/μm，压力为 0.5MPa	8m/s(制动速度)	1.5	1.5	0.5	1.0
	13m/s(制动速度)	2.2	2.2	0.4	1.8
	20m/s(制动速度)	4.6	4.6	2.5	5.3
	25m/s(制动速度)	8.3	8.3	4.5	2.5
在各种不同压力值条件下的摩擦因数，速度为 19.8m/s	0.3MPa(压力)	0.36	0.36	0.43	0.55
	0.4MPa(压力)	0.37	0.37	0.43	0.53
	0.5MPa(压力)	0.38	0.38	0.43	0.6
	0.7MPa(压力)	0.36	0.36	0.41	0.54

续表

性能名称		不同制备阶段上复合材料性能平均值			
		第一种试样	第二种试样	第三种试样	第四种试样
在各种不同压力值条件下的线性磨损量/μm，速度为19.8m/s	0.1MPa(压力)	2.3	2.3	2.3	3.2
	0.15MPa(压力)	3.4	3.4	2.4	4.1
	0.2MPa(压力)	4.6	4.6	2.4	5.2
	0.3MPa(压力)	2.5	2.5	2.5	2.2

在增大旋转速度条件下，硅化试件磨损程度要比增大工作面压力时的磨损程度厉害，同时，一个周期后硅化的试件(第三个试件)磨损几乎在所有使用的制动状态下是最小的，而且在转速小的条件下磨损接近零。

为了评定摩擦因数对水分的敏感性，将摩擦试件在水中置放了 0.5h 和 12h，此后，在制动开始速度为 2 500r/min(8.4m/s)和压力为 0.5MPa 条件下进行了试验。对于两个周期后硅化的试件(第四个试件)来说，在水中置放后的第一次制动特点是摩擦因数值低(为 0.2)，在水中置放半小时后第二次制动，在水中置放 12h 后第六次制动查明了干摩擦条件的标准值为 0.5 左右。同时，一个周期后硅化试件(第三个试件)以 0.4 左右的高摩擦因数通过了初始制动，不取决于在水中的置放时间。

根据对上述总体试验结果的分析，制备 TEPMAP - AДФ 半成品材料基碳/碳化硅复合材料的工艺方案包括焙烧和借助浸渍沥青和加压碳化对毛坯件致密一个周期、热处理和液相硅化处理，在所进行的工作范围内第三个试件应认为是最佳的。按照这种工艺所制备的试件在宽制度范围内具有足够高的和稳定的强度和导热性，同时摩擦因数对水分影响不敏感，与其它试件相比，这种试件的耐磨性最大。此外，这个方案是所研究的方案中最经济的方案。必须将在焙烧后硅化处理的最短方案的第一个试件从进一步研究中除去，因为所制备的材料脆性很大并在试验过程破裂了。有研究者建议，在所进行的工作范围内，按照焙烧和借助浸渍沥青和加压碳化对毛坯件致密一个周期、热处理和液相硅化处理的工艺所制备的材料(第三个试件)应认为是最佳的，并推荐在航空制动装置、铁路制动装置和汽车制动装置实物制品中试验。

本专著的作者不完全认同其它作者们的观点。不同学者所完成的一系列研究就有可能断定，碳陶摩擦材料的决定性因素是它的均匀性，复合材料的均匀性首先是用混杂预浸料制备工艺和硅化气相致密来保障。混杂预浸料工艺所用的稳定多孔结构成型具有所有必需的特征。液相硅化处理不具有制备均匀性能所需的要求。

参 考 文 献

[1] 费阿尔科夫 А С. 碳、层间化合物及其基复合材料[M]. 莫斯科:刊物观点出版社,1997.

[2] Chkopek J, Dzewicz S. Effect of processing variables of the properties of carbon-carbon composites [J]. Carbon, 1991, 29(2):127 - 131.

[3] Awasthi S, Wood J L. Carbon/carbon composite materials for aircraft brakes [J]. Advanced Ceramic Materials, 1988, 3(5): 449 - 451.

[4] 古尼亚耶夫 Г М, 日贡 И Г, 索里娜 Т Г. 晶须化纤维基复合材料的抗剪强度[J]. 聚合物力学, 1973(3):492 - 501.

[5] 克列格尔斯 А Ф, 捷捷尔斯 Г А. 各向异性立体增强复合材料结构变形模型[J]. 复合材料力学, 1982(1):14 - 22.

[6] 日贡 И Г, 拉季莫夫 Н П. 三维增强碳/碳复合材料力学性能特点[J]. 复合材料力学, 1982(3):504 - 507。

[7] Chkopek J, Dzewicz S. Effect of processing variables of the properties of carbon-carbon composites [J]. Carbon, 1991, 29(2):127 - 131.

[8] 卡尔皮诺斯 Д М, 图钦斯基 Л И. 技术装备中的复合材料[M]. 基辅:国家技术书籍出版社,1985.

[9] 特罗斯强斯卡娅 Е Б. 结构用途塑料的热稳定性[M]. 莫斯科:化学出版社,1980.

[10] 费阿尔科夫 А С. 碳石墨材料[M]. 莫斯科:能源出版社,1979.

[11] 卡里尼切夫 В А, 马卡罗夫 М С. 缠绕的玻璃纤维增强材料[M]. 莫斯科:化学出版社,1986.

[12] 别尔林 А А, 沃里夫松 С А, 奥什米亚克 В Г, 等. 聚合物基复合材料制备原理[M]. 莫斯科:化学出版社,1990.

[13] Zhang X, Xu H, Zhu Y, et al. Carbon molecular sieve membranes derived from phenol formaldehyde novolac resin blended with poly(ethylene glycol) [J]. J. Membr. Sci., 2007, 289:86 - 89.

[14] 卡茨 С М. 高温绝热材料[M]. 莫斯科:冶金出版社,1981.

[15] 阿尔特加乌晋 А Л. 电热设备[M]. 莫斯科:能源出版社,1980.